6개년
기출문제
과학

신념을 가지고 도전하는 사람은 반드시 그 꿈을 이룰 수 있습니다.
처음에 품은 신념과 열정이 취업 성공의 그 날까지 빛바래지 않도록
서원각이 수험생 여러분을 응원합니다.

Preface

시험의 성패를 결정하는 데 있어 가장 중요한 요소 중 하나는 충분한 학습이라고 할 수 있다. 하지만 무작정 많은 양을 학습하는 것은 바람직하지 않다. 시험에 출제되는 모든 과목이 그렇듯, 전통적으로 중요하게 여겨지는 이론이나 내용들이 존재한다. 그리고 이러한 이론이나 내용들은 회를 걸쳐 반복적으로 시험에 출제되는 경향이 나타날 수밖에 없다. 따라서 모든 시험에 앞서 필수적으로 짚고 넘어가야 하는 것이 기출문제에 대한 파악이다.

과학은 새롭게 개편된 공무원 시험의 선택과목 중 하나이지만 과학을 선택하는 대부분의 수험생이 90점 이상의 고득점을 목표로 하는 과목으로 한 문제 한 문제가 시험의 당락에 영향을 미칠 수 있는 중요한 과목이다. 특히 9급 공무원 과학 시험의 범위가 문과와 이과를 포함한 전반적인 고등과학이라는 점과, 현재 시행되고 있는 대학수학능력시험보다 난이도가 비교적 낮게 출제된다는 점에서 합격을 위해서는 반드시 고득점이 수반되어야 한다는 것을 알 수 있다.

9급 공무원 최근 6개년 기출문제 시리즈는 기출문제 완벽분석을 책임진다. 그동안 시행된 국가직·지방직 및 서울시 기출문제를 연도별로 수록하여 매년 빠지지 않고 출제되는 내용을 파악하고, 다양하게 변화하는 출제경향에 적응하여 단기간에 최대의 학습효과를 거둘 수 있도록 하였다. 또한 상세하고 꼼꼼한 해설로 기본서 없이도 효율적인 학습이 가능하도록 하였다.

9급 공무원 시험의 경쟁률이 해마다 점점 더 치열해지고 있다. 이럴 때일수록 기본적인 내용에 대한 탄탄한 학습이 빛을 발한다. 수험생 모두가 자신을 믿고 본서와 함께 끝까지 노력하여 합격의 결실을 맺기를 희망한다.

S tructure

● 기출문제 학습비법

step 01 "진짜" 기출문제 풀기 with 스톱워치

step 02 기출 포인트만 쏘~옥! 정답 및 해설

step 03 고득점을 위한 PLUS+ 오답노트

step 04 합격을 위한 반복학습

● 본서 특징 및 구성

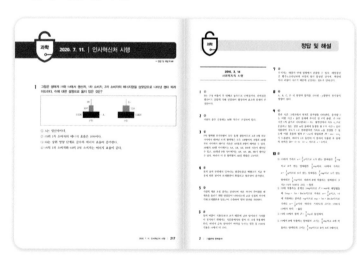

최근 6개년 기출문제 수록

최신 기출문제를 비롯하여 그동안 시행되어 온 9급 공무원 국가직·지방직 및 서울시 등의 기출문제를 최다 수록하였다. 매년 시험마다 반복적으로 출제되는 핵심내용을 확인하고, 변화하는 출제경향을 파악하여 실제 시험에 대한 완벽대비를 할 수 있도록 구성하였다.

꼼꼼하고 자세한 해설

정답에 대한 상세한 해설을 통해 한 문제 한 문제에 대한 완전학습을 꾀하였다. 정답에 대한 설명뿐만 아니라 오답에 대한 보충 설명도 첨부하여 따로 이론서를 찾아볼 필요 없이 효율적인 학습이 될 수 있도록 구성하였다.

Contents

6개년
기출문제

1 그림은 사람의 간을 구성하는 물질의 비율을 나타낸 것이다. B에 대한 설명으로 옳은 것은? (단, C는 유기 용매에 잘 녹는 물질이다)

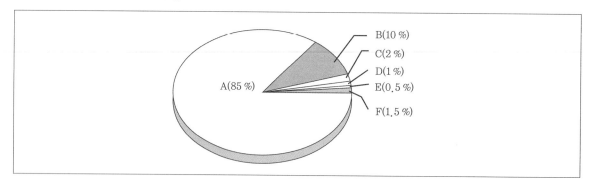

① 효소와 항체의 주성분이다.

② 종류에는 중성지방과 스테로이드 등이 있다.

③ 비열과 기화열이 커서 체온 유지를 용이하게 한다.

④ 펩타이드 결합에 의해 연결되어 글리코젠을 형성한다.

2 사람의 중추 신경계에 대한 설명으로 옳은 것은?

① 무릎 반사의 중추는 간뇌이다.

② 뇌와 척수로 구성되어 있다.

③ 척수의 겉질은 회색질이고, 속질은 백색질이다.

④ 대뇌는 호흡 운동, 심장 박동, 소화 운동의 반사 중추이다.

3 그림은 어느 가족의 ABO식 혈액형에 관한 가계도이다. X의 혈액형이 AB형일 확률은? (단, P의 A형, B형의 ABO식 혈액형의 유전자형은 모두 동형접합이다)

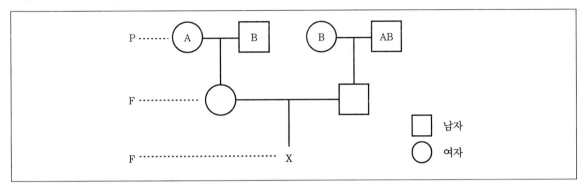

① $\dfrac{1}{8}$

② $\dfrac{1}{6}$

③ $\dfrac{1}{4}$

④ $\dfrac{1}{2}$

4 상처 부위에서 나타나는 염증 반응에 대한 설명으로 옳은 것은?

① 백혈구의 식균 작용이 억제된다.

② 모세혈관이 확장되고 혈류량이 증가한다.

③ 병원체에서 히스타민이 분비된다.

④ 염증 반응은 항원-항체 반응이며 특이적 반응이다.

5 그림은 추울 때 일어나는 체온 조절 과정을 나타낸 것이다. 이에 대한 설명으로 옳은 것은?

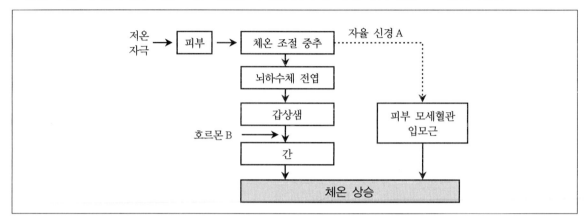

① 체온 조절 중추는 연수이다.

② 자율 신경 A는 부교감 신경이다.

③ 피부의 모세혈관과 입모근이 수축된다.

④ 호르몬 B는 갑상샘 자극 호르몬이다.

6 그림 (가), (나)는 물과 식용유가 담긴 용기 속에 동일한 금속 덩어리가 바닥에 가라앉아 정지해 있는 모습을 나타낸 것이다. 이에 대한 설명으로 옳은 것은? (단, 비중은 물이 식용유보다 크다)

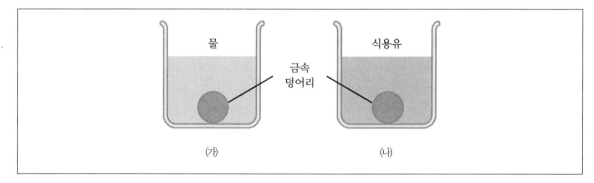

① 금속 덩어리에 작용하는 부력은 (가)와 (나)에서 같다.

② 금속 덩어리에 작용하는 중력은 (나)보다 (가)에서 크다.

③ 금속 덩어리에 작용하는 합력은 (나)보다 (가)에서 작다.

④ 금속 덩어리가 바닥을 누르는 힘은 (나)보다 (가)에서 작다.

7 다음은 공기 중에 물방울이 많이 있을 때 무지개가 생기는 원리를 설명하기 위한 그림이다. 이 그림으로부터 알 수 있는 것만을 〈보기〉에서 모두 고른 것은?

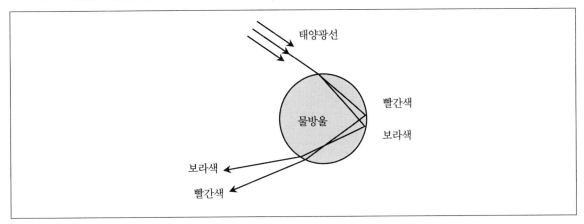

〈보기〉

㉠ 태양광선은 여러 파장의 빛이 합성된 것이다.
㉡ 태양과 무지개는 같은 방향에서 보인다.
㉢ 빛은 파장에 따라 굴절되는 정도가 다르다.

① ㉠, ㉡   ② ㉠, ㉢
③ ㉡, ㉢   ④ ㉠, ㉡, ㉢

8 세 개의 양(+)전하와 하나의 음(−)전하가 그림과 같이 정사각형의 꼭짓점 A, B, C, D에 놓여 있다. 정사각형의 중심 O에서 전기장의 방향은?

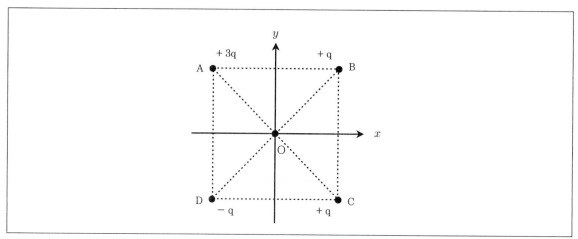

① $+x$방향

② $-x$방향

③ $+y$방향

④ $-y$방향

9 정지해 있던 질량 4kg인 물체에 일정한 방향으로 그림과 같이 시간에 따라 크기가 변하는 합력(알짜힘)이 작용하였다. 2초 동안 이 합력이 작용한 후, 물체의 속력[m/s]은?

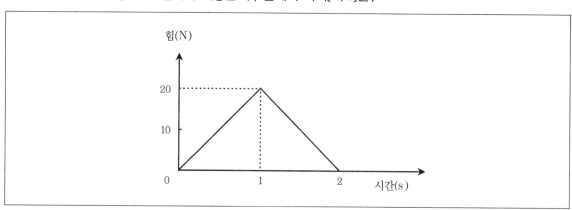

① 5

② 10

③ 15

④ 20

10 그림 ㈎는 수평면 위에서 직선으로 움직이는 질량 m인 물체 A와 연직 하방으로 움직이는 질량 $2m$인 물체 B가 늘어나지 않는 팽팽한 실로 도르래를 통하여 연결되어 운동하는 모습을 나타낸 것이고, 그림 ㈏는 그림 ㈎에서 A와 B의 위치만을 바꾸어 연결한 것이다. 이에 대한 설명으로 옳지 않은 것은? (단, 도르래와 실의 질량, 공기 저항 및 모든 마찰은 무시한다)

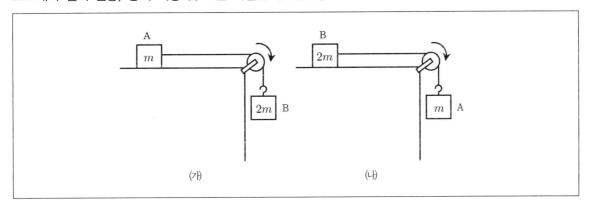

① A의 가속도의 크기는 ㈎보다 ㈏에서 작다.

② B에 작용하는 합력의 크기는 ㈎와 ㈏에서 같다.

③ 실이 A를 당기는 힘의 크기는 ㈎와 ㈏에서 같다.

④ ㈎에서 B에 작용하는 합력의 크기는 A에 작용하는 합력의 크기의 2배이다.

11 그림은 용암 A와 B의 SiO₂ 함량비와 점성의 크기를 나타낸 것이다. 이에 대한 설명으로 옳은 것은?

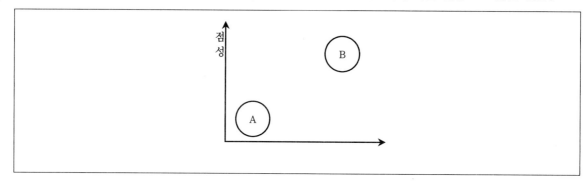

① 용암의 온도는 A가 B보다 높다.

② 화산의 폭발성은 A가 B보다 크다.

③ 화산쇄설물의 양은 A가 B보다 많다.

④ A는 B보다 경사가 급한 화산체를 형성한다.

12 그림은 대륙판과 대륙판이 충돌하는 수렴형 경계를 보여주는 모식도이다. 이 지역에서 발생하는 지질 현상에 대한 설명으로 〈보기〉에서 옳은 것만을 모두 고른 것은?

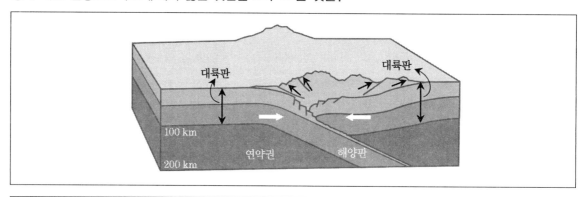

〈보기〉

㉠ 습곡산맥이 형성된다.
㉡ 지진활동이 일어나지 않는다.
㉢ 화산활동이 활발하게 일어난다.

① ㉠   ② ㉡

③ ㉠, ㉢   ④ ㉡, ㉢

13 그림 (가)와 (나)는 어느 봄철에 하루 간격으로 작성된 우리나라와 주변지역의 일기도를 순서 없이 나타낸 것이다. 이에 대한 설명으로 〈보기〉에서 옳은 것만을 모두 고른 것은?

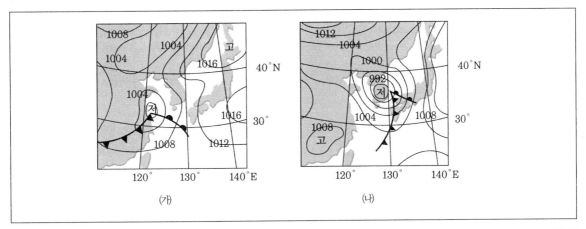

〈보기〉

㉠ 온난 전선은 한랭 전선보다 서쪽에 있다.
㉡ (가)의 일기도는 (나)의 일기도보다 하루 전날의 것이다.
㉢ (나)의 일기도에서 한반도 남부지방의 날씨는 맑고 쾌청하다.

① ㉠   ② ㉡
③ ㉠, ㉢   ④ ㉡, ㉢

14 그림은 어느 날 태양계 천체들의 상대적 위치 관계를 나타낸 것이다. 이에 대한 설명으로 옳은 것은?

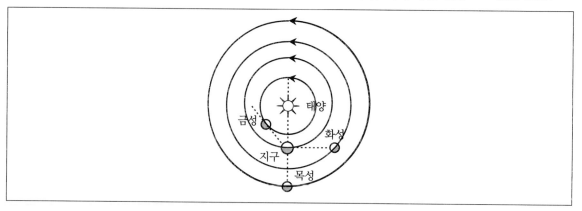

① 화성은 초저녁에 남중한다.

② 현재 목성은 천구 상에서 순행 중이다.

③ 금성은 해진 직후 동쪽 하늘에서 관측된다.

④ 관측 가능 시간은 목성 > 화성 > 금성 순이다.

15 그림은 1850년대부터 1980년대까지의 대기 중 온실기체에 의해 상승한 온도를 나타낸 것이고, 표는 주요 온실기체의 지구온난화지수를 나타낸 것이다. 이 자료에 대한 설명으로 〈보기〉에서 옳은 것만을 모두 고른 것은? (단, 지구온난화지수란 단위 농도(1 ppm)당 온실효과에 미치는 영향을 이산화탄소 = 1로 하여 상대적인 효과율을 비교해 놓은 값이며, 온실기체에 수증기는 제외한다)

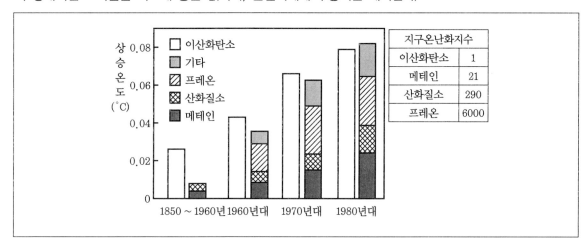

〈보기〉
㉠ 대기 중 농도가 가장 높은 온실기체는 이산화탄소이다.
㉡ 지구온난화에 기여도가 가장 큰 온실기체는 프레온이다.
㉢ 온실기체의 농도가 동일하다면 프레온의 온실효과가 가장 클 것이다.

① ㉠
② ㉡
③ ㉠, ㉢
④ ㉡, ㉢

16 그림은 탄소(C)만으로 이루어진 3가지 물질 (가)~(다)의 구조를 모형으로 나타낸 것이다. (가)~(다)의 공통점으로 옳은 것은?

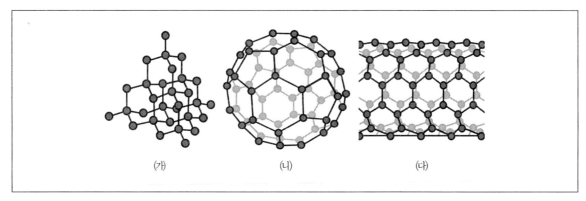

(가)　　　　　(나)　　　　　(다)

① 높은 전기 전도성이 있다.

② 탄소 원자들 사이의 결합은 공유 결합이다.

③ 산소가 충분한 상태에서 연소시키면 물(H_2O)이 생성된다.

④ 1개의 탄소 원자는 다른 탄소 원자 3개와 결합하고 있다.

17 다음은 우리 생활과 관련된 반응들을 화학 반응식으로 나타낸 것이다. 이에 대한 설명으로 옳지 않은 것은?

(가) $2NaN_3 \rightarrow 2Na + 3(\ ㉠ \ )$

(나) $N_2 + 3H_2 \rightarrow 2NH_3$

(다) $CH_4 + 2O_2 \rightarrow (\ ㉡ \ ) + 2H_2O$

① ㉠은 질소(N_2)이고 ㉡은 이산화탄소(CO_2)이다.

② (가)는 질화 나트륨(NaN_3)의 산화 – 환원반응이다.

③ (나)에서 반응 전후 분자의 총 몰 수는 같다.

④ (다)는 메테인(CH_4)의 완전연소반응이다.

18 다음은 포도당($C_6H_{12}O_6$)과 산소(O_2)가 반응하여 이산화탄소(CO_2)와 물(H_2O)이 생성되는 화학 반응식이다. $0\,^\circ C$, 1기압에서 이산화탄소 기체 22.4L를 얻기 위해 필요한 포도당의 질량[g]은? (단, C, H, O의 몰질량[g/mol]은 각각 12, 1, 16이다.)

$$C_6H_{12}O_6(aq) + 6O_2(g) \rightarrow 6CO_2(g) + 6H_2O(l)$$

① 30

② 60

③ 90

④ 180

19 다음 표는 C, N, O, F 원자와 수소로 만들어지는 화합물의 분자식과 분자의 극성을 나타낸 것이다. 이에 대한 설명으로 옳은 것은?

분자식	CH_4	NH_3	H_2O	HF
분자의 극성	무극성	극성	극성	극성

① 모두 정사면체 구조를 가진다.

② 플루오린화 수소(HF)는 무극성 공유 결합 화합물이다.

③ 메테인(CH_4)은 비공유 전자쌍이 가장 많은 화합물이다.

④ 암모니아(NH_3)의 결합각은 메테인(CH_4)의 결합각보다 작다.

20 밑줄 친 원자의 산화수가 옳지 않은 것은?

① $\underline{C}O_2$: + 4

② $\underline{C}H_4$: + 4

③ $H\underline{N}O_3$: + 5

④ $H\underline{Cl}O_4$: + 7

1 사람의 혈액 중 혈구에 대한 설명으로 옳은 것만을 모두 고른 것은?

> ㉠ 적혈구, 백혈구, 혈소판에는 모두 핵이 있다.
> ㉡ 세균에 감염되면 백혈구의 수가 증가한다.
> ㉢ 혈구 중 백혈구의 수가 가장 많다.
> ㉣ 혈소판은 혈액응고에 관여한다.

① ㉠, ㉡   ② ㉡, ㉣

③ ㉠, ㉢, ㉣   ④ ㉡, ㉢, ㉣

2 다음 그림은 세포막의 구조를 나타낸 것이다. 이에 대한 설명으로 옳은 것은?

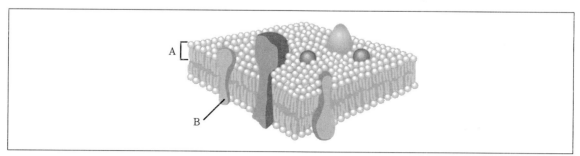

① A는 아미노산으로 구성된 단백질이다.

② B는 물질 수송을 담당하는 인지질이다.

③ A와 B는 위치가 고정되어 있어서 유동성이 없다.

④ A는 친수성 부분과 소수성 부분이 있다.

3 다음 표는 세포 소기관 A~D의 기능과 특징을 설명한 것이다. 이들에 대한 설명으로 옳은 것은?

세포 소기관	기능과 특징
A	세포 내 소화를 담당한다.
B	빛에너지를 화학에너지로 전환한다.
C	효소의 주성분이 만들어지는 장소이며 알갱이 모양이다.
D	유기물 속의 화학에너지를 생명활동에 필요한 에너지로 전환한다.

① A에서는 물질 대사의 결과로 ATP가 생성된다.

② B는 동화 작용을, C는 이화 작용을 주로 한다.

③ B가 발달된 식물 세포에는 D가 존재하지 않는다.

④ D는 근육세포와 같이 활발한 활동을 하는 세포일수록 그 수가 많다.

4 다음 그림은 티록신의 분비 조절 과정을 나타낸 것이다. 이에 대한 설명으로 〈보기〉에서 옳은 것만을 모두 고른 것은? (단, A와 B는 내분비샘이다)

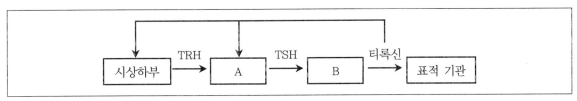

〈보기〉

㉠ A는 뇌하수체 후엽이다.

㉡ TRH는 A에 작용하여 TSH의 분비를 촉진한다.

㉢ B를 제거하면 혈중 TSH의 농도는 제거 전보다 감소한다.

㉣ 티록신은 음성 피드백에 의해 분비량이 조절된다.

① ㉠, ㉢

② ㉡, ㉣

③ ㉠, ㉡, ㉢

④ ㉡, ㉢, ㉣

5 다음 그림은 어떤 생태계에서 천이가 진행되는 과정을 나타낸 것이다. 이에 대한 설명으로 옳은 것은?

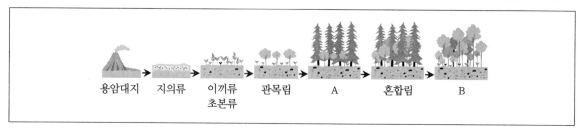

① 2차 천이를 나타낸 것이다.

② A에서는 소나무와 같은 음수림이 형성된다.

③ 혼합림에서 음수묘목이 양수묘목보다 더 빨리 자란다.

④ A보다 B에서 광포화점의 평균값이 더 크다.

6 동일한 두 도체구 A와 B가 각각 전하량 +3Q와 −Q로 대전되어 그림과 같이 r만큼 떨어져 있을 때, A와 B 사이에 작용하는 전기력의 크기는 F이다. A와 B를 접촉시켰다가 다시 r만큼 분리했을 때, A와 B 사이에 작용하는 전기력의 크기는 F의 몇 배인가?

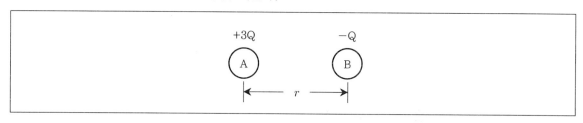

① $\dfrac{1}{3}$ ② $\dfrac{1}{2}$

③ 2   ④ 3

7 어떤 열기관이 시간당 150kJ의 일을 하면서 낮은 온도의 열원으로 시간당 350kJ의 열을 방출한다. 이 열기관의 열효율[%]은?

① 20   ② 30

③ 40   ④ 50

8 다음 그림은 빛의 삼원색 A, B, C의 일부가 서로 겹치도록 비추었을 때, 겹쳐진 영역의 색을 나타낸 것이다. 이에 대한 설명으로 옳지 않은 것은? (단, 빛 A, B, C의 세기는 모두 같다)

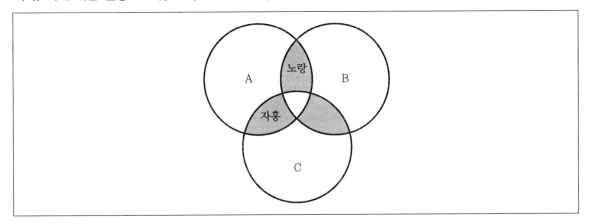

① A는 빨강이다.

② B의 세기만을 반으로 줄이면 노랑이 주황으로 바뀐다.

③ A, B, C 중에서 빛의 파장은 C가 가장 길다.

④ A, B, C 중에서 빛의 진동수는 A가 가장 작다.

9 다음 그림과 같은 교류 발전기에서 코일이 일정한 속력으로 회전하고 있다. 이에 대한 설명으로 옳지 않은 것은? (단, ㉠과 ㉡은 유도전류의 방향을 나타낸다)

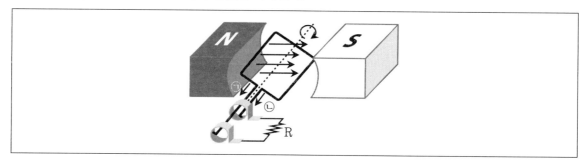

① 코일의 감은 수가 두 배가 되면 유도전류의 세기는 네 배가 된다.

② 영구자석의 세기가 두 배가 되면 저항 R에서 소모되는 전력은 네 배가 된다.

③ 코일이 더 빠르게 회전할수록 더 센 유도전류가 흐른다.

④ 그림과 같은 순간에 코일에 흐르는 유도전류의 방향은 ㉡이다.

10 다음 그림과 같이 마찰이 없는 수평면에 질량이 각각 m, $2m$, m인 세 물체 A, B, C가 놓여 있다. 수평 방향으로 크기가 F인 힘이 A에 작용할 때, 세 물체가 동일한 가속도로 함께 운동한다면 A와 B 사이의 마찰력은 F의 몇 배인가?

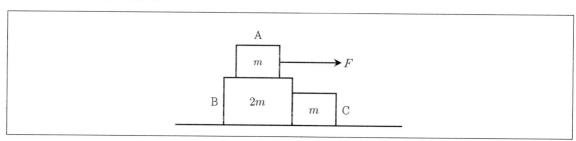

① $\dfrac{1}{4}$

② $\dfrac{1}{3}$

③ $\dfrac{1}{2}$

④ $\dfrac{3}{4}$

11 다음 그림은 고도에 따른 기권의 평균 기온을 나타낸 것이다. 이에 대한 설명으로 〈보기〉에서 옳은 것만을 모두 고른 것은?

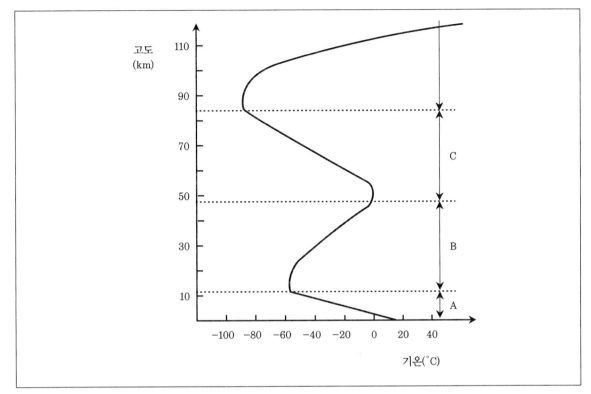

〈보기〉
ㄱ. A층에서는 눈, 비 등의 기상 현상이 나타난다.
ㄴ. B층에는 오존층이 존재하여 자외선을 흡수한다.
ㄷ. C층의 공기 밀도는 A층보다 높다.

① ㄱ
② ㄷ
③ ㄱ, ㄴ
④ ㄱ, ㄴ, ㄷ

12 다음은 우리나라 경상도 해안가에서 볼 수 있는 지층 A에 대한 지질학적 특징이다. 이 지층에 대한 설명으로 옳은 것은?

> • 공룡의 발자국 화석이 발견된다.
> • 건열과 같은 퇴적 구조를 볼 수 있다.
> • 셰일층으로 이루어져 있다.

① 지층 A는 중생대에 퇴적되었다.

② 지층 A가 생성될 당시 이 지역은 수심이 깊은 바다였다.

③ 지층 A에는 새의 발자국 화석과 삼엽충 화석이 함께 발견된다.

④ 지층 A가 발견되는 지역에는 대규모의 석회암 동굴이 발달되어 있다.

13 다음 그림은 우리나라의 어느 지점(37°N)에서 관측한 별의 일주 운동을 나타낸 모식도이다. 이때 관측한 별들에 대한 설명으로 옳지 않은 것은?

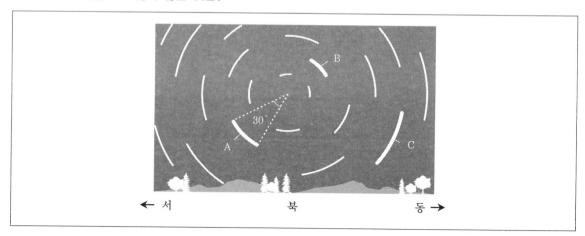

① 약 2시간의 노출 시간으로 촬영한 것이다.

② 천정에 위치한 별의 적위는 53°이다.

③ 별 A의 고도는 별 B의 고도보다 낮다.

④ 별 C는 촬영 시간 동안 반시계 방향으로 일주 운동하였다.

14 암석의 기계적 풍화 작용에 대한 설명으로 옳은 것만을 모두 고른 것은?

> ㉠ 산성을 띤 물에 의해 암석이 용해된다.
> ㉡ 물의 동결 작용에 의해 암석이 부서진다.
> ㉢ 암석을 누르고 있던 외부 압력이 감소하여 암석에 균열이 생긴다.
> ㉣ 암석에 포함된 철이 대기 중의 산소나 물과 반응하여 산화된다.

① ㉠, ㉡
② ㉠, ㉣
③ ㉡, ㉢
④ ㉢, ㉣

15 다음은 우리나라에서 촬영한 금성의 사진을 순서 없이 나열한 것이다. 사진 A, B, C에 대한 설명으로 옳은 것은? (단, 이 사진의 왼쪽이 천구 상의 동(E)쪽이고 위쪽이 북(N)쪽을 가리킨다)

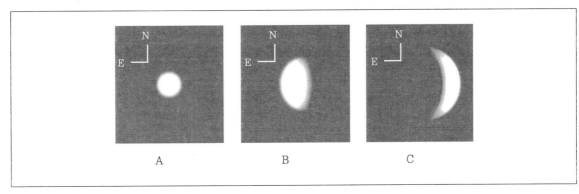

A   B   C

① A일 때 금성의 역행 현상이 관측된다.
② B일 때 금성은 해 뜰 무렵 지평선 아래에 있다.
③ B일 때 금성은 다음 날 지구와 더 가까워진다.
④ C일 때 금성을 초저녁에 관측할 수 있다.

16 다음 그림은 산 HA와 HB를 각각 25°C의 물 1L에 녹였을 때, 수용액에 존재하는 몰수를 나타낸 것이다. 이에 대한 설명으로 옳은 것은? (단, A, B는 임의의 원소이다)

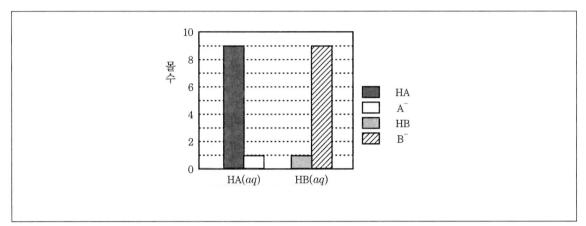

① HA가 HB보다 더 강한 산이다.

② HA가 HB보다 이온화가 잘된다.

③ HA수용액은 HB수용액보다 pH가 크다.

④ HA수용액의 전류의 세기가 HB수용액보다 강하다.

17 산화−환원 반응이 아닌 것은?

① $NaCl(aq) + AgNO_3(aq) \rightarrow NaNO_3(aq) + AgCl(s)$

② $2KI(aq) + Cl_2(g) \rightarrow 2KCl(aq) + I_2(s)$

③ $CuO(s) + H_2(g) \rightarrow Cu(s) + H_2O(l)$

④ $Mg(s) + 2HCl(aq) \rightarrow MgCl_2(aq) + H_2(g)$

18 다음 그림은 5가지 물질을 주어진 기준에 따라 분류한 것이다. 이에 대한 설명으로 옳지 않은 것은?

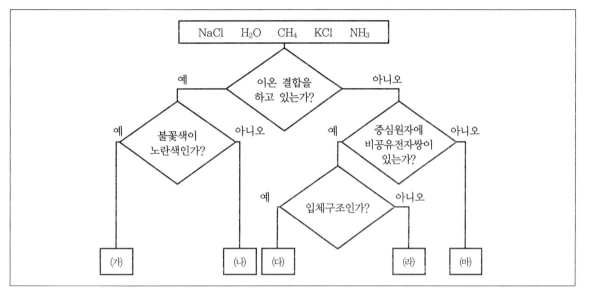

① (가)는 NaCl이다.

② (마)는 무극성 분자이다.

③ 이온 사이의 거리는 (가) < (나)이다.

④ 결합각의 크기는 (다) < (라)이다.

19 다음은 암모니아(NH_3)와 물(H_2O)의 화학 반응식이다. 이에 대한 설명으로 옳은 것은?

$$NH_3(g) + H_2O(l) \rightarrow NH_4^+(aq) + OH^-(aq)$$

① NH_3는 아레니우스 염기이다.

② NH_4^+의 N은 옥텟 규칙을 만족한다.

③ 결합각($\angle HNH$)은 NH_3가 NH_4^+보다 크다.

④ N의 산화수는 NH_3가 NH_4^+보다 크다.

20 다음 그림은 각각 A^+와 B^{2-}의 전자 배치를 나타낸 것이다. 이에 대한 설명으로 옳은 것은?

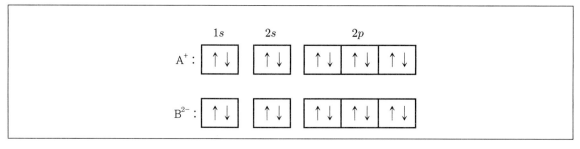

① A와 B는 같은 주기 원소이다.

② 이온화 에너지는 A가 B보다 크다.

③ A의 바닥 상태 전자 배치는 $1s^2 2s^2 2p^6$이다.

④ B의 바닥 상태 전자 배치에서 홀전자 수는 2개이다.

☞ 정답 및 해설 P.5

1 그래프는 어떤 물체의 직선상에서의 운동 상태를 속도-시간 그래프로 나타낸 것이다. 이에 대한 해석으로 옳은 것은?

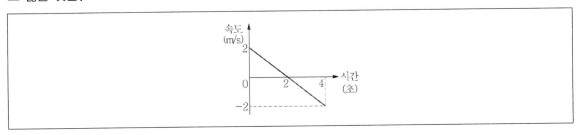

① 시간이 흐를수록 속력이 계속 감소하고 있다.

② 운동방향이 두 번 바뀌었다.

③ 0초 때의 물체의 위치와 4초 때의 물체의 위치가 같다.

④ 2초 때의 가속도의 크기는 $0m/s^2$이다.

2 그림은 양성자 하나와 전자 하나로 이루어진 수소원자를 나타낸 보어의 원자 모형이다. 이에 대한 설명으로 옳은 것은?

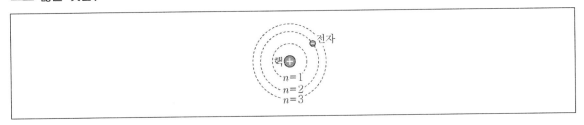

① 전자의 전하량이 원자핵의 전하량보다 크다.

② $n=1$과 $n=2$사이에는 전자가 존재할 수 없다.

③ $n=2$의 전자가 $n=1$로 떨어지기 위해서는 외부의 에너지를 흡수해야 한다.

④ $n=2$의 전자가 $n=3$으로 올라가기 위해서는 외부로 에너지를 방출해야 한다.

3 그래프는 색을 감지하는 사람의 원뿔 세포 A, B, C가 파장에 따라 빛을 흡수하는 정도를 나타낸 것이다. 이에 대한 설명으로 옳은 것을 〈보기〉에서 모두 고른 것은?

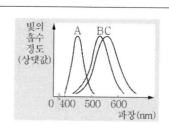

〈보기〉

㉠ 백색광에는 A와 B만 강하게 반응한다.
㉡ A, B, C는 각각 청색, 녹색, 황색 원뿔 세포이다.
㉢ 적외선이 눈에 들어오면 A, B, C 모두 반응하지 않는다.

① ㉠

② ㉠, ㉡

③ ㉡, ㉢

④ ㉢

4 다음 식은 원자력 발전소의 원자로에서 우라늄 원자핵이 핵분열하는 핵반응식을 나타낸 것이다. 이에 대한 설명으로 옳은 것을 〈보기〉에서 모두 고른 것은?

$$^{235}_{92}U + (ⓐ) \rightarrow \,^{141}_{56}Ba + \,^{ⓑ}_{36}Kr + 3(ⓐ) + 에너지$$

〈보기〉

㉠ ⓐ는 전자이다.
㉡ ⓑ는 94이다.
㉢ 에너지의 발생은 질량 결손에 의한 것이다.

① ㉠, ㉡

② ㉠, ㉡, ㉢

③ ㉡

④ ㉢

5 다음 그래프는 허블의 법칙을 나타낸 것으로 A와 B는 지구에서 본 서로 다른 두 은하이다. 다음 설명 중 옳은 것은?

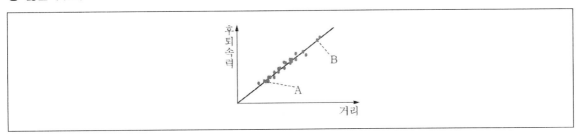

① 우주가 팽창하고 있음을 의미한다.
② 지구에서 볼 때 A의 후퇴속력이 B보다 크다.
③ 은하 A에서 볼 때 B는 A에 가까워진다.
④ 은하 B에서 볼 때 A는 B에 가까워진다.

6 그림은 철의 제련 과정을 나타낸 것이다. 이에 대한 설명으로 옳은 것을 보기에서 모두 고르면?

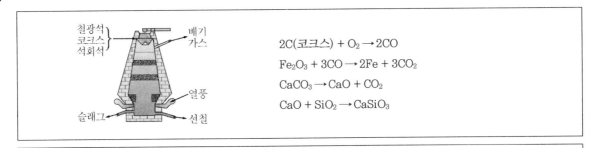

$$2C(\text{코크스}) + O_2 \rightarrow 2CO$$
$$Fe_2O_3 + 3CO \rightarrow 2Fe + 3CO_2$$
$$CaCO_3 \rightarrow CaO + CO_2$$
$$CaO + SiO_2 \rightarrow CaSiO_3$$

〈보기〉
㉠ C(코크스)는 산화제 역할을 한다.
㉡ CO는 C(코크스)의 불완전 연소에 의해 생성된다.
㉢ $CaCO_3$은 철광석의 불순물을 제거하기 위해서 넣는다.

① ㉠, ㉡
② ㉠, ㉡, ㉢
③ ㉠, ㉢
④ ㉡, ㉢

7 다음 표는 원자를 구성하는 입자의 발견과 관련된 실험 과정 및 결과이다. 다음 실험 결과로부터 제시된 원자 모형은 무엇인가?

〈과정 및 결과〉
- 음극선의 진로에 장애물을 설치하면 그림자가 생긴다.
- 음극선의 진로에 바람개비를 설치하였더니 바람개비가 회전한다.
- 음극선의 진로에 수직 방향으로 전기장을 걸어주었더니 음극선이 (+)극으로 휘어졌다.

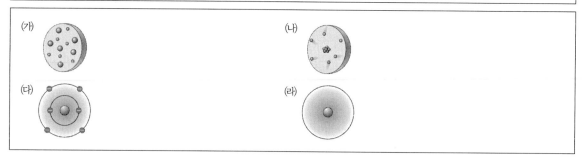

① (가)   ② (나)

③ (다)   ④ (라)

8 그림은 수소 원자의 전자 전이를 나타낸 것이다. 전자 전이 a~e에 대한 설명으로 옳은 것을 〈보기〉에서 모두 고른 것은? (단, 수소 원자의 에너지 준위는 $E_n = -\dfrac{1312}{n^2}$ kJ/몰이다.)

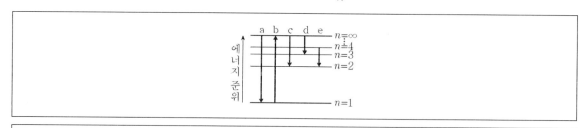

〈보기〉
ㄱ. 파장이 가장 짧은 빛을 방출하는 것은 a이다.
ㄴ. d에 의해 방출되는 빛은 적외선 영역에 해당한다.
ㄷ. b에 해당하는 에너지는 수소 원자의 이온화 에너지와 같다.

① ㄱ, ㄴ   ② ㄱ, ㄴ, ㄷ

③ ㄱ, ㄷ   ④ ㄴ, ㄷ

9 다음은 탄화수소 A~D를 구분하기 위한 분류 과정이다. 탄화수소 A~D를 옳게 짝지은 것은? (단, A, B, C, D는 각각 벤젠, 에텐, 펜테인, 사이클로펜테인 중 하나이다.)

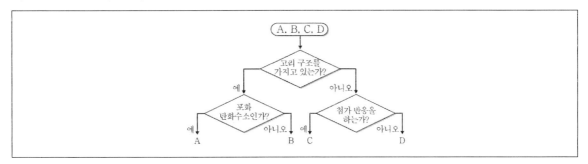

① A : 벤젠, B : 펜테인, C : 에텐, D : 사이클로펜테인

② A : 펜테인, B : 벤젠, C : 에텐, D : 사이클로펜테인

③ A : 사이클로펜테인, B : 벤젠, C : 에텐, D : 펜테인

④ A : 벤젠, B : 사이클로펜테인, C : 에텐, D : 펜테인

10 다음 각 물질에서 밑줄 친 원소의 산화수로 옳은 것은?

① $H\underline{N}O_3$: +3

② $H_2\underline{S}$: +2

③ $Na\underline{H}$: −1

④ $H\underline{Cl}O_3$: +7

11 생명체를 구성하는 물질 중 항체의 주성분에 대한 설명으로 옳은 것은?

① 핵에서는 발견되지 않는다.

② 유전 정보를 저장하고 있다.

③ 인체에서 구성 비율이 가장 높다.

④ 세포막의 구성 성분이다.

12 다음의 유전병 중 세포 내 염색체 수가 가장 적은 것은?

① 터너 증후군

② 다운 증후군

③ 클라인펠터 증후군

④ 고양이 울음 증후군

13 그림 ㈎는 근육 원섬유 마디를, 그림 ㈏~㈑는 근육 원섬유마디의 서로 다른 세 지점의 단면에서 관찰되는 액틴 필라멘트와 마이오신 필라멘트를 나타낸 것이다. 이에 대한 설명으로 옳은 것은? (단, ㉠은 암대이다.)

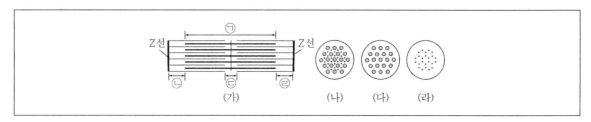

① 근육의 수축ㆍ이완 과정에서 ㈎의 ㉠ 길이는 변한다.

② ㈎의 ㉢ 부분에서는 ㈑와 같은 단면이 나타난다.

③ ㈎에서 ㉡과 ㉣은 액틴 필라멘트만으로 이루어진 H대이다.

④ 근육이 수축하면 ㈏와 같은 단면을 보이는 부분이 늘어난다.

14 인체의 방어 작용에 대한 설명으로 옳은 것은?

① 1차 방어 작용은 병원체의 종류에 따라 특이적으로 일어난다.

② 백혈구의 일종인 비만세포가 분비하는 히스타민은 염증반응을 일으켜 병원체를 제거하도록 돕는다.

③ 활성화된 대식세포는 세포독성 T림프구와 B림프구를 활성화시켜 1차 방어 작용이 일어나도록 한다.

④ 세포독성 T림프구는 병원체를 구별하지 않는 비특이적 면역성을 가진다.

15 생물과 무기 환경 사이의 상호 관계에 대한 설명으로 옳은 것을 〈보기〉에서 모두 고른 것은?

〈보기〉
ㄱ 바다의 깊이에 따라 해조류의 분포가 다른 것은 광합성에 이용하는 빛의 파장과 관련이 있다.
ㄴ 추운 지역에 사는 동물일수록 몸의 말단 부위가 작아지고 몸의 크기는 커진다.
ㄷ 단일 식물 개화의 결정적인 요인은 한계 암기 이상의 지속적인 암기이다.

① ㄱ

② ㄱ, ㄴ, ㄷ

③ ㄱ, ㄷ

④ ㄴ

16 그림 (가)와 (나)는 백두산과 북한산의 한 봉우리를 나타낸 것이다. 이에 대한 설명으로 옳은 것은?

(가) 백두산

(나) 북한산

① (가)를 이루는 암석에서는 화석이 많이 산출된다.

② (나)는 주상절리가 발달해 있다.

③ (가)보다 (나)가 더 깊은 곳에서 형성된 암석으로 이루어져 있다.

④ (가)는 (나)보다 먼저 형성되었다.

17 그림은 경사면에 놓인 암석에 작용하는 힘을 나타낸 것이다. 이에 대한 설명으로 옳은 것은?

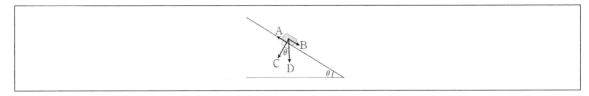

① 암석이 미끄러지는 경우 경사면과 암석 사이의 마찰력은 B보다 크다.
② θ가 안식각보다 크면 암석이 미끄러져 내린다.
③ 물을 충분히 포함하면 A가 증가한다.
④ θ가 증가하면 C값은 증가한다.

18 다음 중 엘니뇨가 발생했을 때 나타나는 현상으로 옳은 것은?

① 무역풍이 강해진다.
② 동태평양 연안의 용승이 약해진다.
③ 동태평양의 표층 수온이 낮아진다.
④ 서태평양 지역의 강수량이 증가한다.

19 다음은 어느 행성의 탐사기록을 정리한 것이다. 이 탐사행성에 대한 설명으로 옳은 것은?

> • 표면은 붉은색의 사막과 비슷하다.
> • 규모가 매우 큰 올림포스 화산이 존재한다.
> • 드라이아이스와 얼음으로 이루어진 극관이 있으며 계절에 따라 크기가 변한다.

① 표면에 산화철 성분이 많다.
② 대기가 존재하지 않는다.
③ 극관의 면적은 겨울이 여름보다 작다.
④ 지구와 비슷한 크기를 가져 지구환경과 가장 유사한 행성이다.

20 그림은 어떤 망원경의 빛의 경로를 나타낸 것이다. 이에 대한 설명으로 옳은 것은?

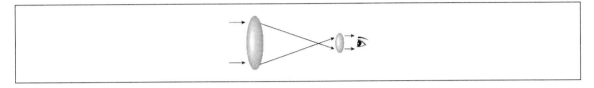

① 대형 망원경의 제작이 어렵고 제작비가 많이 든다.

② 반사 망원경의 원리이다.

③ 오목거울을 사용하여 빛을 모은다.

④ 상이 흔들리는 단점이 있다.

1 생물 다양성에 대한 설명으로 옳지 않은 것은?

① 과학 기술의 발달로 합성 물질이 증가하므로 생물 다양성에 대한 중요성은 감소하고 있다.

② 종 다양성은 한 생태계에 존재하는 생물 종의 다양한 정도를 나타낸다.

③ 유전적 다양성이 낮은 개체군은 환경이 급격하게 변하면 멸종할 가능성이 크다.

④ 외래종의 도입으로 생태계가 교란되면 생물 다양성이 변화한다.

2 그림 (가)는 식물의, (나)는 동물의 구성 단계를 나타낸 것이다. 이에 대한 설명으로 옳은 것은?

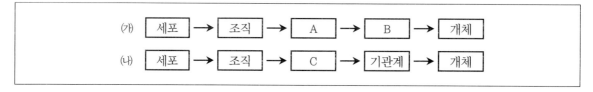

(가) 세포 → 조직 → A → B → 개체

(나) 세포 → 조직 → C → 기관계 → 개체

① 꽃은 A에 해당한다.

② B는 기관계이다.

③ C는 조직계이다.

④ 소장은 C에 해당한다.

3 그림은 어떤 뉴런을 나타낸 것이다. 이에 대한 설명으로 옳은 것은?

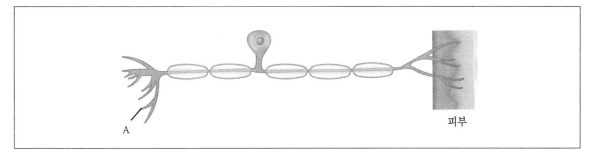

① 이 뉴런은 민말이집 신경이다.
② A에 시냅스 소포가 존재한다.
③ 중추신경계에 속하는 뉴런이다.
④ 이 뉴런은 운동뉴런이다.

4 그림은 건강한 사람이 운동할 때 인슐린과 글루카곤의 혈중 농도 변화를 나타낸 것이다. 이에 대한 설명으로 옳지 않은 것은? (단, ㉠과 ㉡은 각각 인슐린과 글루카곤 중 하나이다)

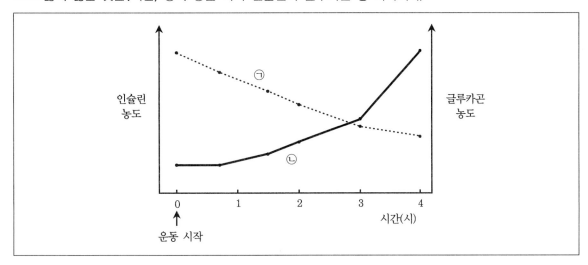

① ㉠과 ㉡은 모두 이자에서 분비된다.
② 평상시 탄수화물을 섭취하면 ㉠의 분비량이 증가한다.
③ ㉡은 포도당을 글리코젠으로 전환한다.
④ 혈당량은 ㉠과 ㉡의 길항 작용에 의해 조절된다.

5 그림 (가)와 (나)는 한 동물의 서로 다른 세포가 분열하는 과정 중 한 단계를 나타낸 것이다. 이에 대한 설명으로 옳은 것은? (단, A와 a, B와 b는 각각 대립 유전자이다)

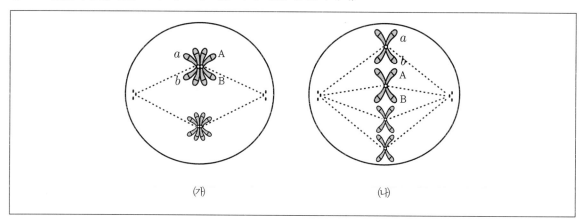

① (가)의 DNA 양은 (나)의 2배이다.

② (가)는 감수 2분열 과정에서 나타난다.

③ 생식세포 분열 과정에서 (나)가 관찰된다.

④ (나) 단계 후 염색 분체의 분리가 일어난다.

6 그림 (가), (나)는 길이가 각각 L, 2L이고, 한쪽 끝이 닫힌 관에서 음파의 공명이 일어날 때, 최소 진동수를 갖고 있는 정상파의 모습을 나타낸 것이다. 이에 대한 설명으로 옳은 것만을 모두 고른 것은? (단, 공기의 온도는 일정하다)

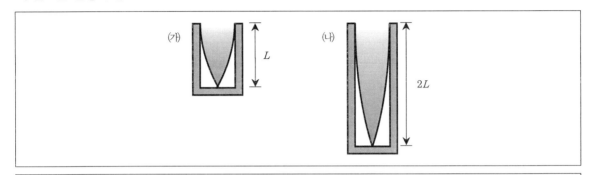

> ㉠ (가)에서 정상파를 이루고 있는 음파의 파장은 2L이다.
> ㉡ (가)의 정상파 진동수는 (나)의 정상파 진동수의 2배이다.
> ㉢ (가)의 관을 이용하여 (나)에서 나는 공명 진동수의 소리를 만들 수 있다.

① ㉡

② ㉠, ㉡

③ ㉠, ㉢

④ ㉡, ㉢

7 교류 전원의 진동수(주파수)가 증가할 때, 회로에 흐르는 실효 전류가 감소하게 되는 것만을 모두 고른 것은? (단, 교류 전원의 실효 전압은 일정하다)

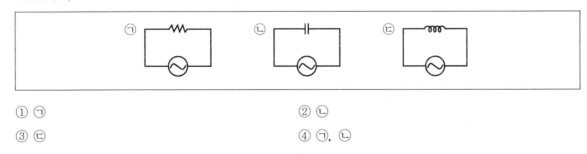

① ㉠

② ㉡

③ ㉢

④ ㉠, ㉡

8 그림과 같이 단면적이 변하는 관을 통하여 기체가 지나가고 있다. 굵은 관의 단면적은 2S, 가는 관의 단면적은 S이며, 두 관 아래에는 물이 채워진 가느다란 유리관이 연결되어 있고, 물의 높이 차이는 h이다. 이에 대한 설명으로 옳은 것만을 모두 고른 것은? (단, 중력가속도는 g, 물의 밀도는 ρ이며, 기체는 압축되지 않는다고 가정한다)

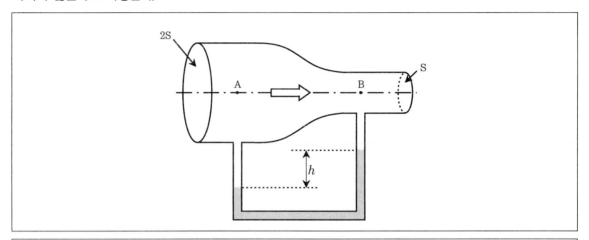

ㄱ. 기체의 속도는 A지점이 B지점보다 빠르다.
ㄴ. 기체의 압력은 B지점이 A지점보다 크다.
ㄷ. A지점과 B지점의 압력 차는 ρgh이다.

① ㄱ   ② ㄴ
③ ㄷ   ④ ㄱ, ㄴ

9 다음은 태양의 빛에너지를 전기에너지로 전환하는 장치의 모식도이다. 이에 대한 설명으로 옳지 않은 것은?

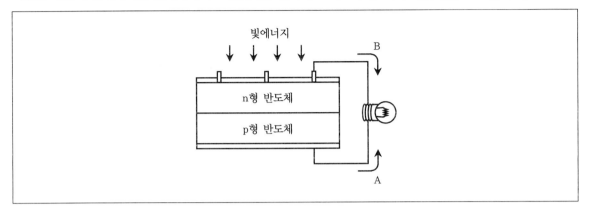

① 전류가 흐르는 방향은 A이다.

② 위의 장치는 인공위성의 에너지원으로 널리 쓰인다.

③ 광다이오드는 위의 장치와 마찬가지로 광신호를 전기신호로 바꾸어준다.

④ 위 그림의 경우, p−n 접합에서 만들어진 전기장에 의해 전자는 접합면에서 p형 반도체 쪽으로 이동한다.

10 천장에 매달린 고정 도르래에 질량이 각각 m_1, m_2인 두 개의 벽돌 A, B가 그림과 같이 늘어나지 않는 줄에 매달려 있다. 정지해있던 벽돌들을 가만히 놓았을 때, 벽돌 B가 아래 방향으로 가속도 a로 내려가게 되었다. 벽돌 A의 질량 m_1은? (단, 줄과 도르래의 질량, 모든 마찰은 무시하며, 중력가속도는 g이다)

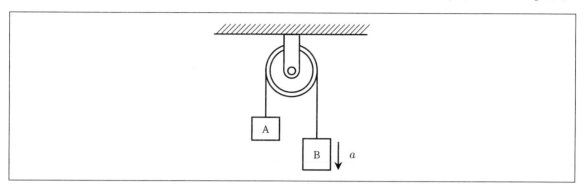

① $\dfrac{g+a}{g-a}m_2$

② $\dfrac{g-a}{g+a}m_2$

③ $\dfrac{g+2a}{g-2a}m_2$

④ $\dfrac{g-2a}{g+2a}m_2$

11 그림은 우리나라에 영향을 준 어느 태풍의 진로와 중심 위치(🌀)를 일시별로 나타낸 것이다. 이 태풍에 대한 설명으로 옳은 것은?

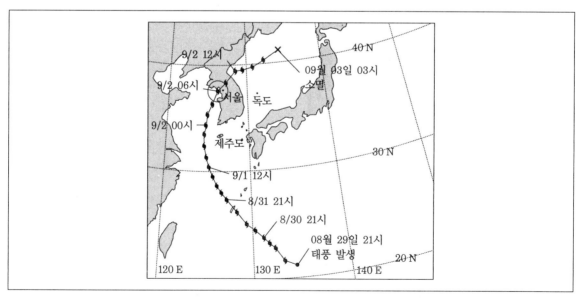

① 8월 30일에는 편서풍의 영향을 받으며 이동하였다.

② 전향점은 9월 1일 12시와 9월 2일 00시 사이에 나타났다.

③ 전향점을 지나면서 이동속도가 감소하였다.

④ 9월 2일 06시경 서울에서 지상풍은 북동풍이었다.

12 그림은 달의 운동을 나타낸 것이다. 이에 대한 설명으로 옳은 것만을 모두 고른 것은?

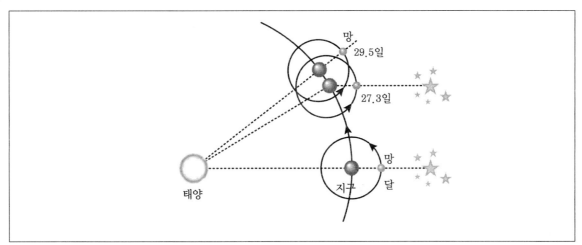

⊙ 위상 변화를 기준으로 하는 달의 공전 주기는 약 29.5일이다.

ⓒ 삭망월은 29.5일이고, 항성월은 27.3일이다.

ⓒ 항성월과 삭망월이 다른 이유는 달이 공전하는 동안 지구가 자전하기 때문이다.

① ⊙

② ⓒ

③ ⊙, ⓒ

④ ⓒ, ⓒ

13 그림은 어느 대륙판과 해양판의 경계 부근에서 한 해 동안 발생한 지진의 진앙 분포 및 진원의 깊이를 나타낸 것이다. 이에 대한 설명으로 옳은 것은?

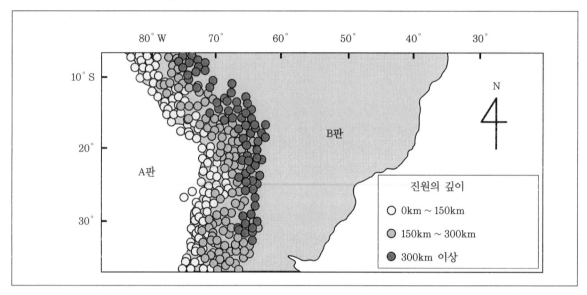

① A는 대륙판, B는 해양판이다.

② A판 위에는 대륙 열곡대가 나타난다.

③ 화산 활동은 주로 B판 지표면 위에서 나타난다.

④ A판의 밀도가 B판의 밀도보다 작다.

14 그림은 북태평양의 아열대 순환을 이루는 해류 A ~ D를 나타낸 것이다. 이에 대한 설명으로 옳지 않은 것은?

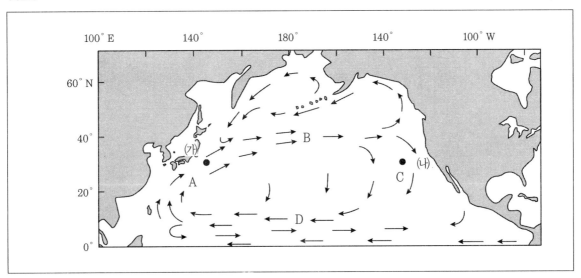

① A는 C보다 용존 산소량이 많다.

② B는 북태평양해류이고, D는 북적도해류이다.

③ (가)해역은 (나)해역보다 따뜻한 기후가 나타난다.

④ 아열대 순환은 저위도의 열에너지를 고위도로 수송하는 역할을 한다.

15 그림은 탄소가 순환하는 과정을 나타낸 것이다. A~G과정에 대한 설명으로 옳은 것만을 모두 고른 것은?

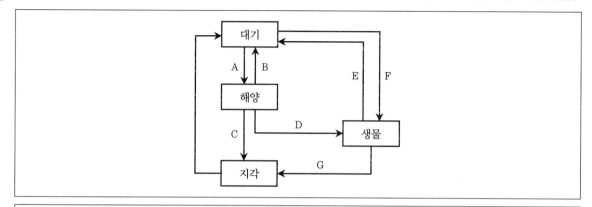

⊙ 석유와 석탄은 A와 C에 의해 생성된다.
ⓒ B와 E는 지구의 기온 상승을 유발할 수 있는 과정이다.
ⓒ D와 G를 포함하는 과정을 거쳐 석회암이 생성될 수 있다.

① ⊙

② ⓒ

③ ⊙, ⓒ

④ ⓒ, ⓒ

16 그림은 탄화수소 (가)와 (나)의 구조식을 각각 나타낸 것이다. 이에 대한 설명으로 옳은 것은?

(가)   (나)

① (가)의 분자식은 C_2H_5이다.

② (나)는 불포화 탄화수소이다.

③ (가)와 (나)는 구조 이성질체 관계이다.

④ 끓는점은 (가)가 (나)보다 낮다.

17 다음은 철의 제련 과정 일부를 화학 반응식으로 나타낸 것이다. 이에 대한 설명으로 옳은 것은?

> (가) $2C + O_2 \rightarrow 2CO$
>
> (나) $Fe_2O_3 + 3CO \rightarrow 2Fe + 3(\ ㉠\ )$
>
> (다) $CaCO_3 \rightarrow CaO + (\ ㉡\ )$

① (가)에서 C는 환원된다.

② (나)에서 Fe의 산화수는 3만큼 증가한다.

③ (다)는 산화-환원 반응이다.

④ ㉠과 ㉡은 같은 물질이다.

18 표는 각기 다른 질량의 마그네슘이 연소할 때, 생성된 산화마그네슘의 질량을 측정한 결과이다. 이에 대한 설명으로 옳지 않은 것은? (단, 마그네슘(Mg)과 산소(O)의 원자량은 각각 24, 16이다)

	실험 I	실험 II	실험 III
마그네슘의 질량[g]	15	24	45
산화마그네슘의 질량[g]	25	40	75

① 산화마그네슘에서 마그네슘과 산소의 질량비는 일정하다.

② 마그네슘 36 g이 연소할 때 산화마그네슘 56 g이 생성된다.

③ 마그네슘 48 g이 연소할 때 산소 분자 1몰이 소모된다.

④ 생성된 산화마그네슘의 화학식은 MgO이다.

19 표는 중성 원자 A∼D를 구성하는 입자 수를 나타낸 것이다. 이에 대한 설명으로 옳은 것은? (단, A∼D는 임의의 원소 기호이다)

원자	A	B	C	D
양성자 수	8	8	9	10
중성자 수	8	10	10	10

① B의 바닥상태 전자 배치는 $1s^2 2s^2 2p^6$이다.

② 원자 반지름은 A가 C보다 크다.

③ 이온화 에너지는 B가 D보다 크다.

④ A는 D와 결합하여 화합물 AD를 형성한다.

20 그림은 묽은 염산(HCl) 수용액 20mL에 수산화나트륨(NaOH) 수용액을 가할 때 혼합 용액 내의 양이온 수 변화를 나타낸 것이다. 이에 대한 설명으로 옳은 것은?

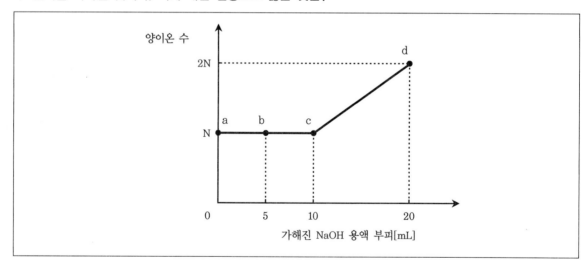

① b에서 Na^+ 이온 수는 0.5N이다.

② pH는 a가 d보다 높다.

③ OH^- 이온 수는 d가 c의 2배이다.

④ d에서 Na^+ 이온 수와 OH- 이온 수는 같다.

☞ 정답 및 해설 P.8

1 표는 생명체를 구성하는 물질의 특징을 나타낸 것이다. 물질 A, B, C, D는 각각 단백질, 셀룰로스, 인지질, RNA 중 하나이다. 이에 대한 설명으로 옳지 않은 것은?

물질	특징
A	기본 단위는 뉴클레오타이드이다.
B	항체의 주성분이다.
C	기본 단위는 단당류이다.
D	인산과 지방산이 결합된 화합물이다.

① 인은 물질 A의 구성 원소이다.

② 물질 B는 뉴클레오솜의 구성 성분이다.

③ 물질 C는 탄소, 수소, 산소로 이루어져 있다.

④ 물질 D는 콜레스테롤의 구성 성분이다.

2 그림은 체세포의 세포 주기를 나타낸 것이다. A, B, C는 각각 G_1, G_2, S기 중 하나이다. 이에 대한 설명으로 옳은 것은?

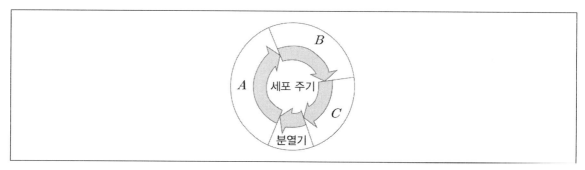

① A 시기의 세포에는 핵막이 없다.

② 암세포는 B 시기를 거치지 않는다.

③ 세포 1개당 DNA 양은 C 시기가 A 시기보다 많다.

④ 인체 체세포의 대부분은 C 시기에 머물러 있다.

3 그림은 생태계를 구성하는 요소 사이의 상호 관계를 나타낸 것이다. 이에 대한 설명으로 〈보기〉에서 옳은 것만을 모두 고른 것은?

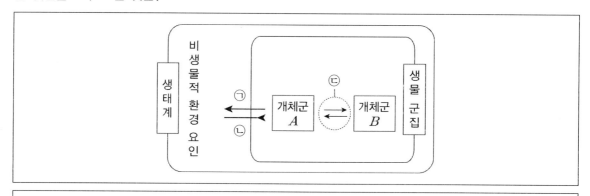

〈보기〉

㉠ 개체군 A는 하나의 생물 종으로 구성되어 있다.

㉡ 지렁이가 흙 속에 구멍을 뚫어 토양의 통기성이 높아지는 것은 ㉠에 해당한다.

㉢ 텃세는 ㉢에 해당한다.

① ㉠, ㉡

② ㉠, ㉢

③ ㉡, ㉢

④ ㉠, ㉡, ㉢

4 표는 붉은색 꽃, 큰 키인 어떤 식물 P를 자가 교배하여 얻은 자손(F₁) 800개체의 표현형에 따른 개체수를 나타낸 것이다. 꽃 색깔과 키를 결정하는 대립 유전자는 각각 2가지이며, 대립 유전자 사이의 우열 관계는 분명하다. ㉠의 한 개체와 흰색 꽃, 작은 키인 개체를 교배하여 자손(F₂)을 얻을 때, F₂의 표현형이 흰색 꽃, 작은 키일 확률은? (단, 돌연변이와 교차는 고려하지 않는다)

표현형	붉은색 꽃, 큰 키	붉은색 꽃, 작은 키	흰색 꽃, 큰 키	흰색 꽃, 작은 키
개체수	㉠ 600	0	0	200

① $\dfrac{1}{3}$ ② $\dfrac{1}{4}$

③ $\dfrac{1}{6}$ ④ $\dfrac{1}{8}$

5 그림은 어떤 뉴런에 역치 이상의 자극을 주었을 때의 막전위 변화를 나타낸 것이다. 이에 대한 설명으로 옳은 것은?

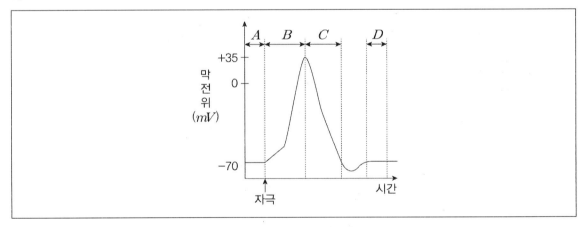

① 구간 A에서 세포막을 통한 K⁺의 이동은 없다.

② 구간 B에서 Na⁺ 통로를 통해 Na⁺가 세포 밖으로 확산된다.

③ 구간 C에서 K⁺ 통로를 통한 K⁺의 유출에 ATP가 사용된다.

④ 구간 D에서 Na⁺의 농도는 세포 밖에서가 세포 안에서보다 높다.

6 표는 투명한 임의의 물질 A, B, C의 굴절률을 나타낸 것이다. 이 물질을 이용하여 빛이 전반사하여 진행하는 광섬유를 만들려고 한다. 이때 코어와 클래딩 물질로 옳게 짝지은 것은?

물질	A	B	C
굴절률	1.45	1.50	2.40

	코어	클래딩			코어	클래딩
①	A	B		②	A	C
③	B	A		④	B	C

7 그림과 같이 전류 I가 $+y$ 방향으로 흐르는 무한히 긴 직선 도선과 두 고리 도선 A, B가 xy평면에 놓여 있다. 이에 대한 설명으로 옳은 것은?

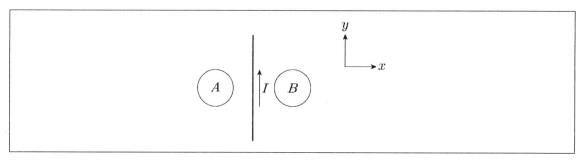

① 도선 A를 $-x$ 방향으로 일정한 속도로 움직이면 도선 A에 시계 방향으로 유도 전류가 흐른다.

② 도선 B를 $+x$ 방향으로 일정한 속도로 움직이면 도선 B에 시계 방향으로 유도 전류가 흐른다.

③ 도선 A를 $+y$ 방향으로 일정한 속도로 움직이면 도선 A에 시계 방향으로 유도 전류가 흐른다.

④ 직선 도선에 흐르는 전류가 증가하면 도선 A와 B 모두 시계 방향으로 유도 전류가 흐른다.

8 그림 ㈎와 같이 수평면에서 물체 A가 정지해 있던 물체 B를 향해 2m/s의 속력으로 등속도 운동을 하였다. A가 B에 정면 충돌한 후 그림 ㈏와 같이 A는 왼쪽으로 0.5m/s의 속력으로, B는 오른쪽으로 각각 등속도 운동을 하였다. A, B의 질량은 각각 2kg, 5kg이다. 이에 대한 설명으로 〈보기〉에서 옳은 것만을 모두 고른 것은? (단, 공기저항과 모든 마찰은 무시한다)

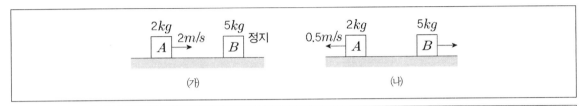

<보기>
㉠ 충돌 전 A의 운동량의 크기는 $4 \, \mathrm{kg} \cdot \mathrm{m/s}$이다.
㉡ 충돌하는 동안 B가 A에 가한 충격량의 크기는 $5 \, \mathrm{N} \cdot \mathrm{s}$이다.
㉢ 충돌하는 동안 A가 B에 작용한 힘과 B가 A에 작용한 힘은 크기가 같고 방향이 반대이다.

① ㉠, ㉡   ② ㉠, ㉢
③ ㉡, ㉢   ④ ㉠, ㉡, ㉢

9 보어의 수소 원자 모형에 대한 설명으로 〈보기〉에서 옳은 것만을 모두 고른 것은? (단, n은 양자수이다)

<보기>
㉠ 전자가 $n=3$에서 $n=2$인 궤도로 전이할 때 방출되는 빛은 발머 계열에 속한다.
㉡ 전자가 $n=1$인 궤도에 있는 경우를 들뜬 상태라고 한다.
㉢ 전자가 $n=3$에서 $n=2$인 궤도로 전이할 때 방출되는 빛의 파장은 $n=3$에서 $n=1$인 궤도로 전이할 때 방출되는 빛의 파장보다 길다.

① ㉠   ② ㉡
③ ㉠, ㉢   ④ ㉡, ㉢

10 단열된 실린더에 일정량의 이상기체가 들어있고, 실린더 내부의 열 공급 장치를 이용하여 기체에 열을 가하였더니 기체의 압력이 일정하게 유지되면서 부피가 팽창하였다. 이에 대한 설명으로 〈보기〉에서 옳은 것만을 모두 고른 것은? (단, 실린더 내의 기체의 분자 수는 일정하다)

〈보기〉

㉠ 기체는 외부에 일을 하였다.

㉡ 기체 분자의 평균 속력은 증가하였다.

㉢ 기체가 흡수한 열량은 기체의 내부 에너지 증가량과 같다.

① ㉠, ㉡

② ㉠, ㉢

③ ㉡, ㉢

④ ㉠, ㉡, ㉢

11 그림 ⑺와 ⑻는 우리나라의 대표적인 지질 명소의 암석을 나타낸 것이다. 이에 대한 설명으로 〈보기〉에서 옳은 것만을 모두 고른 것은?

⑺ 마이산의 역암

⑻ 북한산 인수봉의 암석

〈보기〉

㉠ ⑺에는 타포니가 존재한다.

㉡ ⑻의 암석은 퇴적암이다.

㉢ ⑺와 ⑻의 암석은 신생대에 생성되었다.

① ㉠

② ㉡

③ ㉠, ㉢

④ ㉡, ㉢

12 그림 (가)와 (나)는 어느 날 같은 시간의 일기도와 위성사진을 각각 나타낸 것이다. 이에 대한 설명으로 옳은 것은?

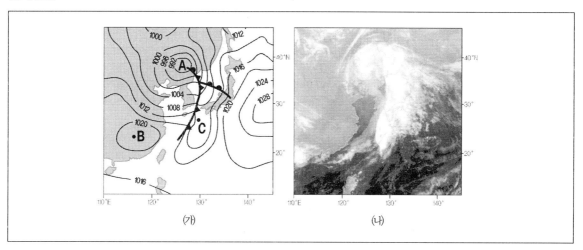

(가)   (나)

① A 지역에 고기압의 중심이 위치한다.

② B 지점에서 소나기성 강우가 내린다.

③ C 지점에서는 한랭 전선이 통과한 직후에 기온이 높아진다.

④ 온대 저기압에 폐색 전선이 발생했다.

13 그림은 판의 경계와 화성 활동에 의한 지형을 나타낸 모식도이다. 이에 대한 설명으로 옳은 것은?

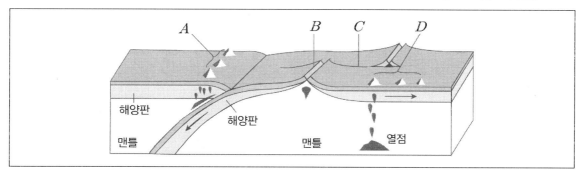

① A는 발산형 경계에서 형성된다.

② B는 습곡작용에 의해 형성된 산맥이다.

③ C에서는 천발지진이 발생한다.

④ D는 호상열도이다.

14 그림 (가)와 (나)는 대기권에서 오존(O_3)이 생성되는 과정을 나타낸 것이다. 이에 대한 설명으로 〈보기〉에서 옳은 것만을 모두 고른 것은?

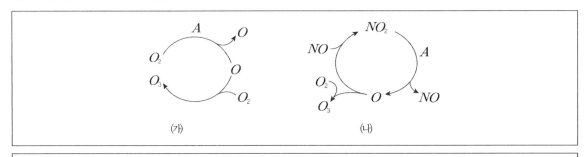

(가)   (나)

〈보기〉

ㄱ. A는 적외선이다.
ㄴ. 성층권 오존은 주로 (가) 과정으로 생성된다.
ㄷ. (나) 과정은 주로 밤에 활발하게 진행된다.

① ㄱ   ② ㄴ
③ ㄱ, ㄷ   ④ ㄴ, ㄷ

15 그림은 어느 날 월식이 진행되는 과정을 지구의 본그림자에 대한 달의 상대적인 위치 변화로 나타낸 것이다. 이에 대한 설명으로 옳은 것은?

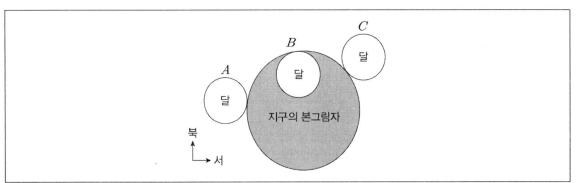

① 월식의 진행 순서는 A→B→C이다.
② 이 날부터 일주일 후 달의 위상은 상현이다.
③ 달이 B 위치일 때, 태양과 달의 적경 차이는 약 6h(시)이다.
④ 달이 지구의 본그림자 중심을 통과하면 개기 월식의 지속 시간은 이 날보다 증가한다.

16 수소와 산소만의 혼합 기체 11g이 들어 있는 밀폐된 용기에서 둘 중 하나의 기체가 전부 소모될 때까지 반응시켜, 물이 생성되고 기체 분자 1몰이 남았다. 이때 생성된 물의 질량[g]과 반응 후 남은 기체의 종류는? (단, 수소와 산소의 원자량은 각각 1, 16이다)

① $\frac{9}{2}$, 수소

② 9, 수소

③ 9, 산소

④ $\frac{9}{2}$, 산소

17 다음은 어떤 중성원자의 전자배치 A와 B이다. 이에 대한 설명으로 옳은 것은?

A : $1s^2 2s^2 2p^6 3s^1$	B : $1s^2 2s^2 2p^5 3s^2$

① 이 중성원자의 안정한 양이온은 전자 2개를 잃어서 생성된다.
② B의 L 전자껍질에 들어 있는 전자의 수는 5개이다.
③ 전자배치가 A에서 B로 바뀔 때 에너지를 방출한다.
④ A와 B의 홀전자 수는 같다.

18 (가)와 (나)는 금속 이온과 금속 간의 산화−환원 반응 실험이다. 이에 대한 설명으로 옳지 않은 것은? (단, A, B, C는 임의의 원소 기호이다)

(가) 금속 이온 B^{2+}가 들어 있는 수용액에 금속 A 막대를 넣었더니, 금속 막대의 질량이 감소하였고 수용액 내 금속 이온의 총 수는 변화가 없었다.
(나) 금속 이온 C^{2+}가 들어 있는 수용액에 금속 A 막대를 넣었더니, 금속 막대의 질량이 증가하였고 수용액 내 금속 이온의 총 수는 변화가 없었다.

① 금속 A 이온의 산화수는 +2이다.
② 금속 A는 금속 B보다 쉽게 산화된다.
③ 금속 A의 이온은 금속 C의 이온보다 쉽게 환원된다.
④ 금속 B의 원자량은 금속 C의 원자량보다 작다.

19 그림 (가)는 글라이신, (나)는 아데닌, (다)는 인산의 구조식을 나타낸 것이다. 이에 대한 설명으로 옳은 것은?

$$
\begin{array}{ccc}
\underset{\displaystyle (가)}{H_2N - \overset{\displaystyle \overset{H}{|}}{\underset{\displaystyle \underset{H}{|}}{C}} - \overset{\displaystyle \overset{O}{\|}}{C} - OH}
&
\underset{\displaystyle (나)}{}
&
\underset{\displaystyle (다)}{HO - \overset{\displaystyle \overset{O}{\|}}{\underset{\displaystyle \underset{OH}{|}}{P}} - OH}
\end{array}
$$

① (가)는 중성 수용액에서 이온 상태가 아니다.

② (나)는 루이스 염기로 작용할 수 있나.

③ (다)에서 중심원자 인(P)은 옥텟 규칙을 만족한다.

④ (가), (나), (다)는 뉴클레오타이드를 구성하는 3가지 요소이다.

20 표는 바닥 상태인 2주기 원소 A, B, C, D의 홀전자 수와 이온화 에너지를 나타낸 것이다. 이에 대한 설명으로 옳은 것은? (단, A, B, C, D는 임의의 원소 기호이다)

	A	B	C	D
홀전자 수 [개]	1	2	2	3
제1 이온화 에너지 [kJ/mol]	1681	1314	1086	1402

① 바닥 상태에서 전자가 들어 있는 오비탈 수는 B가 C보다 많다.

② 원자 반지름은 A가 D보다 크다.

③ 유효 핵전하는 D가 B보다 크다.

④ 원자가 전자 수는 C, B, D, A의 순서로 커진다.

1 그림은 두 종의 짚신벌레를 단독 배양하였을 때와 혼합 배양하였을 때의 생장 곡선을 나타낸 것이다. 이에 대한 설명으로 옳은 것은?

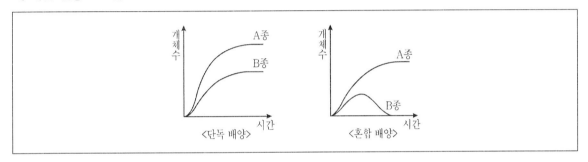

① A종은 단독 배양할 경우 환경 저항이 작용하지 않는다.

② B종은 혼합 배양할 경우 개체군의 주기적 변동을 보인다.

③ A종과 B종은 편리 공생 관계이다.

④ A종과 B종을 혼합 배양할 경우 경쟁 배타가 일어난다.

2 그림은 어느 가족의 귓불 유전 가계도를 나타낸 것이다. 이에 대한 설명으로 옳지 않은 것은? (단, 돌연변이는 일어나지 않는다)

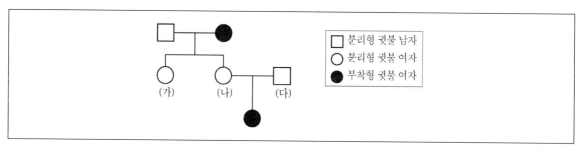

① 귓불 유전자는 상염색체에 존재한다.

② 분리형은 부착형에 대하여 우성 형질이다.

③ (가)~(다)의 유전자형은 이형 접합이다.

④ (나)와 (다) 사이의 자녀 중 부착형이 나올 확률은 50%이다.

3 그림은 어떤 생물체의 정상적인 체세포 염색체와 유전자(A와 a, B와 b)를 나타낸 것이다. 이에 대한 설명으로 옳지 않은 것은? (단, 돌연변이는 일어나지 않는다)

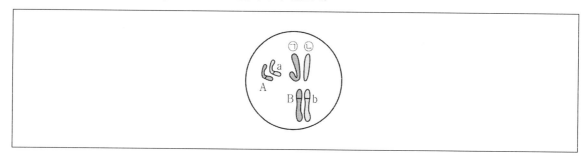

① 감수 분열 결과 6종류의 생식 세포가 형성된다.

② ㉠과 ㉡은 성을 결정해주는 염색체이다.

③ A와 a는 하나의 형질을 결정하는 대립 유전자이다.

④ B가 부계로부터 물려받은 것이라면, b는 모계로부터 물려받은 것이다.

4 그림은 우리 몸에서 일어나는 여러 가지 기관계의 상호작용을 나타낸 것이다. ㉠~㉣에 해당하는 각 기관계를 바르게 나열한 것은?

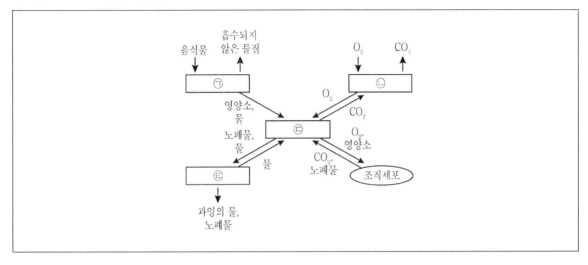

	㉠	㉡	㉢	㉣
①	소화계	순환계	호흡계	배설계
②	소화계	호흡계	순환계	배설계
③	호흡계	배설계	순환계	소화계
④	순환계	호흡계	배설계	소화계

5 그림은 세균 X가 인체에 침입하였을 때 일어나는 방어 작용 중 일부를 나타낸 것이다. 이에 대한 설명으로 〈보기〉에서 옳은 것만을 모두 고른 것은?

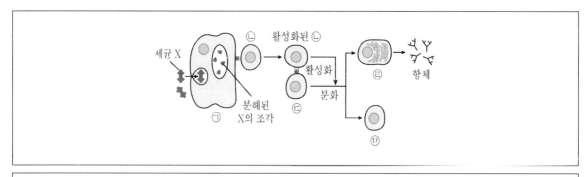

〈보기〉

A. ⓒ은 ⓐ이 제시한 항원을 인식한다.
B. ⓒ은 식세포 작용을 한다.
C. ⓔ에서 분비된 항체는 세균 X와 결합한다.
D. ⓜ은 형질 세포이다.

① A, C   ② B, D
③ A, B, C   ④ B, C, D

6 그림은 전하 Q_A와 Q_B 주위의 전기력선을 나타낸 것이다. 이에 대한 설명으로 옳은 것은?

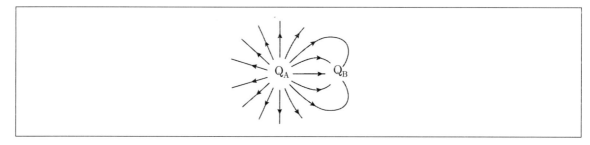

① 양전하 Q_A의 전하량은 Q_B보다 2배 크다.
② 양전하 Q_A의 전하량은 Q_B보다 3배 크다.
③ 음전하 Q_A의 전하량은 Q_B보다 2배 크다.
④ 음전하 Q_A의 전하량은 Q_B보다 3배 크다.

7 그림은 어떤 이상 기체의 상태가 A→B→C→A로 변하는 과정에서 부피 V와 절대 온도 T의 값을 나타낸 것이다. 이에 대한 설명으로 옳은 것은? (단, 변하는 과정 중에 이 기체의 입자수는 일정하다)

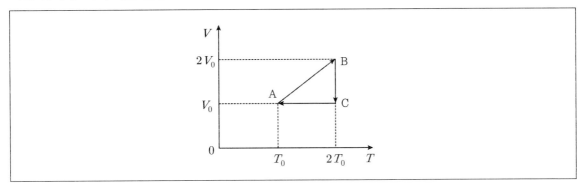

① A→B 과정에서 기체의 압력은 일정하다.

② B→C 과정에서 기체의 압력은 감소한다.

③ C→A 과정에서 기체는 외부에 일을 한다.

④ 기체 분자의 평균 운동 에너지는 B 상태가 C 상태보다 크다.

8 그림의 ⑺, ⑼는 각각 세 개의 쿼크가 결합되어 이루어진 핵자를 나타낸 것이다. 이에 대한 설명으로 옳지 않은 것은?

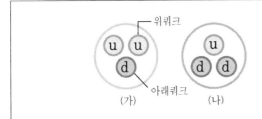

종류	기호	상대 전하량
위쿼크	u	$+\dfrac{2}{3}$
아래쿼크	d	$-\dfrac{1}{3}$

① ⑺는 양성자이다.

② ⑼의 상대 전하량은 0이다.

③ ⑼는 우라늄의 핵분열 시 방출되는 물질이다.

④ 원자핵에서 ⑺와 ⑼를 결합시키는 힘은 전자기력이다.

9 반지름이 각각 r, $2r$, $3r$인 바퀴로 만든 축바퀴를 연직으로 매달았다. 그림과 같이 줄을 이용하여 반지름이 $2r$, $3r$인 바퀴에 질량이 각각 $2m$, m인 물체를 매달고, 반지름이 r인 바퀴에는 연직 아래 방향으로 힘 F를 가했다. 두 물체가 정지 상태를 유지하는 힘 F의 크기는? (단, 축바퀴의 질량, 줄의 질량, 모든 마찰은 무시하며 줄은 늘어나지 않고 g는 중력 가속도이다)

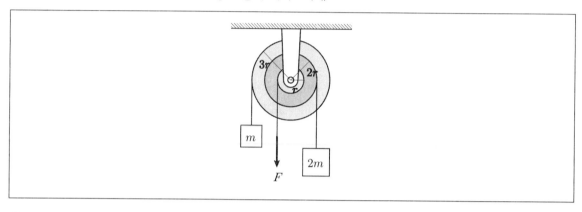

① mg

② $2mg$

③ $3mg$

④ $4mg$

10 그림은 밀도가 ρ인 물체가 밀도가 5ρ인 정지 액체에 부피의 2/3가 잠겨 정지 상태를 유지하고 있는 모습이다. 물체에 매여진 줄은 용기 바닥에 고정되어 있다. 물체에 작용하는 중력의 크기를 F라고 할 때, 줄이 물체를 당기는 힘의 크기는? (단, 줄의 질량과 부피, 물체와 액체 사이의 전기적인 상호작용은 무시한다)

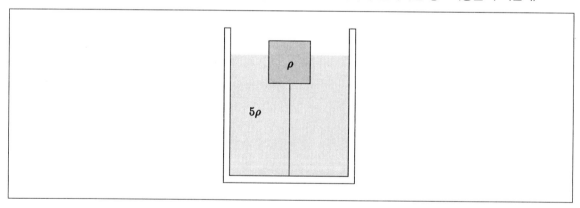

① $\dfrac{5}{3}F$

② $2F$

③ $\dfrac{7}{3}F$

④ $\dfrac{10}{3}F$

11 그림의 A ~ C는 지구 생성 이후부터 현재까지의 대기 조성 중 질소, 산소, 이산화탄소의 양적인 변화를 순서 없이 나타낸 것이다. 이에 대한 설명으로 옳은 것은?

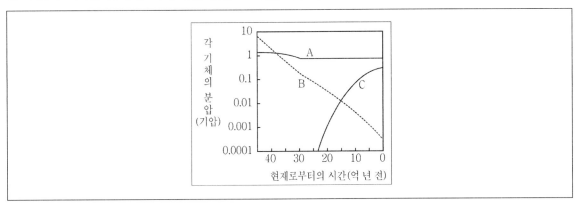

① A는 지구온난화에 가장 많은 영향을 미치는 기체이다.

② B는 지질시대를 거치면서 해수에 용해되거나 광합성에 의해 감소하였다.

③ C의 증가는 주로 화산 활동이 활발해진 것에 기인한다.

④ 현재로부터 약 24억 년 전에는 육지에 생물이 번성하였다.

12 그림은 무역풍의 변화에 따른 태평양의 적도 부근 해수의 연직 단면을 나타낸 모식도이다. 점선은 평상시 해수의 경계를 나타낸다. 이에 대한 설명으로 옳지 않은 것은?

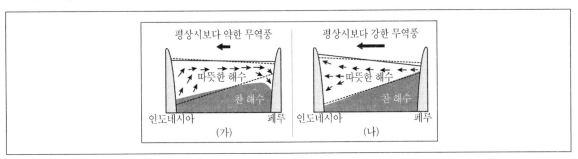

① (가)는 엘니뇨, (나)는 라니냐에 해당한다.

② 적도 태평양의 동서 지상 기압차는 (가)보다 (나)에서 더 크다.

③ (가)의 경우 페루 지역에서는 가뭄이 발생한다.

④ (가)와 (나) 모두 기상 이변의 원인이 된다.

13 그림은 어느 날 우리나라 주변의 전선과 바람 분포(구름 정보 기입 생략)를 나타낸 것이다. A~D 지역에 대한 설명으로 옳은 것은?

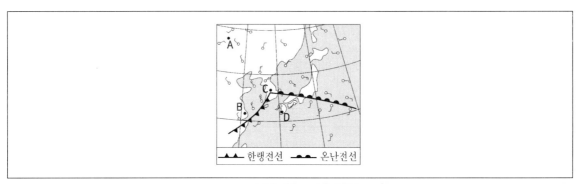

① A 지역은 상승 기류가 나타난다.

② B 지역은 날씨가 맑고 따뜻하다.

③ C 지역의 기압이 가장 낮다.

④ D 지역은 넓은 구역에 걸쳐 이슬비가 지속적으로 내린다.

14 다음은 태양, 화성, 지구의 상대적인 위치를 나타낸 모식도이다. 화성이 A~D에 위치할 때, 지구에서 관측한 화성에 대한 설명으로 옳은 것은? (단, 화살표는 화성과 지구가 공전하는 반시계 방향을 나타낸다)

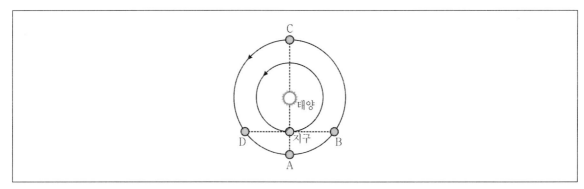

① A의 경우 다음날 화성의 적경은 증가한다.

② B의 경우 다음날 태양에 대한 화성의 이각은 커진다.

③ C의 경우 가장 밝게 보인다.

④ D의 경우 자정부터 새벽까지 관측할 수 있다.

15 다음은 태양의 광구와 그 상층의 활동성을 보여주는 사진이다. 각 현상에 대한 설명으로 옳지 않은 것은?

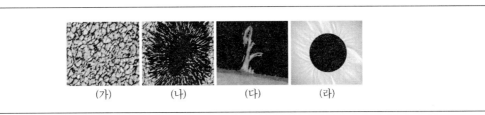

(가)　　　(나)　　　(다)　　　(라)

① (가)는 태양의 대류 현상에 의한 것이다.

② (나)의 어두운 부분은 주위보다 온도가 높다.

③ (다)는 채층을 뚫고 나온 고온의 가스이다.

④ (라)의 가스는 광구보다 밀도가 낮고 어둡다.

16 화학 반응식 (가)~(다)에 대한 설명으로 〈보기〉에서 옳은 것만을 모두 고른 것은?

(가) $HCl(aq) + NaOH(aq) \rightarrow Na^+(aq) + Cl^-(aq) + H_2O(l)$

(나) $NH_3(g) + H_2O(l) \rightarrow NH_4^+(aq) + OH^-(aq)$

(다) $H_2SO_4(aq) + H_2O(l) \rightarrow HSO_4^-(aq) + H_3O^+(aq)$

〈보기〉

㉠ (가)에서 HCl은 아레니우스 산이다.

㉡ (나)에서 NH_6는 브뢴스테드-로우리 염기이다.

㉢ (다)에서 H_2O는 루이스 산이다.

① ㉠, ㉡　　　　　　　　② ㉠, ㉢

③ ㉡, ㉢　　　　　　　　④ ㉠, ㉡, ㉢

17 화학 반응식 (가)와 (나)에 대한 설명으로 옳은 것은? (단, a, b, c와 x, y, z는 각각 화학 반응식의 계수이다)

> (가) $a\,C_8H_{18} + \dfrac{25}{2}O_2 \longrightarrow b\,CO_2 + c\,H_2O$
>
> (나) $x\,C_6H_{12}O_6 + 6\,O_2 \longrightarrow y\,CO_2 + z\,H_2O$

① a는 x보다 작다.

② $(b+c)$는 $(y+z)$보다 크다.

③ (나)에서 $C_6H_{12}O_6$는 환원된다.

④ (가)에서 C_8H_{18}는 불포화 탄화수소이다.

18 삼플루오린화 붕소(BF_3)와 암모니아(NH_3)에 대한 설명으로 옳은 것은?

① 두 분자 모두 평면형 구조이다.

② 두 분자 모두 중심 원자에 비공유 전자쌍이 없다.

③ 삼플루오린화 붕소의 결합각은 암모니아의 결합각보다 작다.

④ 삼플루오린화 붕소는 무극성 분자이고, 암모니아는 극성 분자이다.

19 다음 그림의 (가)와 (나)는 탄소 원자의 가능한 전자 배치를 나타낸 것이다. 이에 대한 설명으로 〈보기〉에서 옳은 것만을 모두 고른 것은?

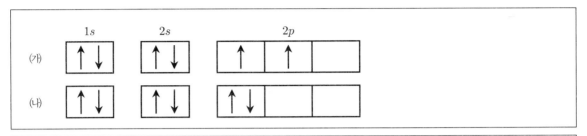

〈보기〉
㉠ (가)에서 원자가 전자는 2개이다.
㉡ (가)의 전자 배치는 (나)의 전자 배치보다 안정하다.
㉢ (가)에서 전자가 들어있는 오비탈의 수는 4개이다.

① ㉠
② ㉡
③ ㉡, ㉢
④ ㉠, ㉡, ㉢

20 다음 그림에서 $a \sim d$는 보어의 수소 원자 모형에서 일어나는 몇 가지 전자 전이를 나타낸 것이다. 이에 대한 설명으로 옳은 것은? (단, 수소 원자의 주양자수(n)에 따른 에너지 준위(E_n)는 $-\dfrac{A}{n^2}$ kJ/mol(A는 상수)이다)

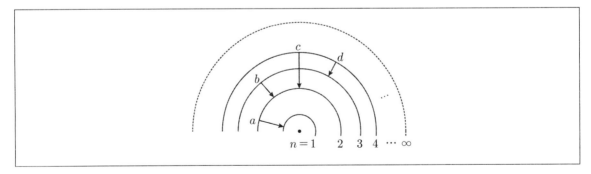

① a에서 방출하는 에너지는 c에서 방출하는 에너지의 3배이다.
② $a \sim d$ 중 방출하는 빛의 파장은 d에서 가장 짧다.
③ 수소의 이온화 에너지는 A kJ/mol이다.
④ b에서 방출하는 빛은 자외선 영역에서 관찰된다.

1 그림은 같은 직선 위에서 운동하는 물체 A, B의 속도를 시간에 따라 나타낸 것이다. 이에 대한 설명으로 옳은 것을 〈보기〉에서 모두 고르면?

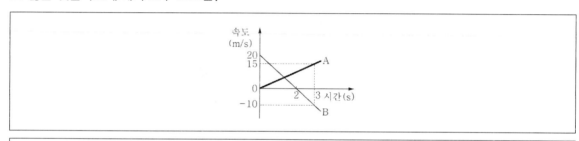

〈보기〉

㉠ 가속도의 크기는 B가 A의 2배이다.

㉡ 0초부터 3초까지 변위의 크기는 A가 B보다 크다.

㉢ 3초일 때 A에 대한 B의 속도의 크기는 5m/s이다.

① ㉠

② ㉢

③ ㉠, ㉡

④ ㉡, ㉢

2 그림은 어떤 행성이 태양을 한 초점으로 하는 타원 궤도를 따라 운동하는 것을 나타낸 것이다. 이에 대한 설명으로 옳은 것은?

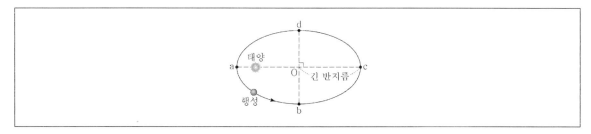

① a점에서 b점까지 운동하는 데 걸린 시간이 c점에서 d점까지 운동하는 데 걸린 시간보다 짧다.

② a점에서 b점까지 운동하는 동안 가속도의 크기는 증가한다.

③ c점에서 d점까지 운동하는 동안 운동 에너지는 감소한다.

④ d점에서 a점까지 운동하는 동안 속력은 일정하다.

3 그림은 일정한 세기의 전류가 평면에 수직 아래로 흐를 때, 전류가 만드는 자기장에 의해 도선 주변의 철가루들이 동심원을 그리며 배열된 모습을 나타낸 것이다. 이에 대한 설명으로 옳은 것은? (단, 점 p와 q는 x축 상에 있으며, 지구 자기장은 고려하지 않는다.)

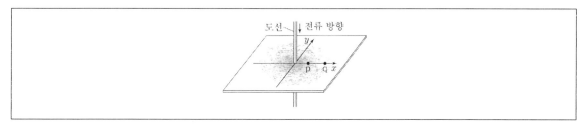

① 같은 세기의 전류가 처음과 반대 방향으로 흐를 때, 점 p에서 자기장의 세기는 더 커진다.

② 자기장의 세기는 점 p에서가 점 q에서보다 작다.

③ 점 p에서 자기장의 방향은 $+y$방향이다.

④ 도선 주변의 철가루는 자화되었다.

4 그림은 빛이 매질 A, B의 경계면에 입사각 i로 입사하여 전반사하는 모습을 나타낸 것이다. 이에 대한 설명으로 옳은 것은?

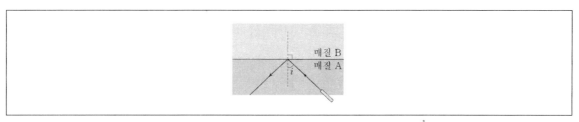

① 굴절률은 B가 A보다 크다.

② 입사각 i는 임계각보다 크다.

③ 빛의 속력은 A에서가 B에서보다 빠르다.

④ 동일한 빛이 B에서 A로 입사각 i로 입사하면 경계면에서 전반사한다.

5 그림은 이상적인 변압기를 나타낸 것이다. 1차 코일은 220V의 교류전원에 연결되어 있고, 1차 코일의 감은 수 $N_1 = 200$이다. 2차 코일의 감은 수 $N_2 = 100$이고 전구의 저항은 110Ω일 때, 1차 코일에 흐르는 전류의 세기 I_1은 얼마인가?

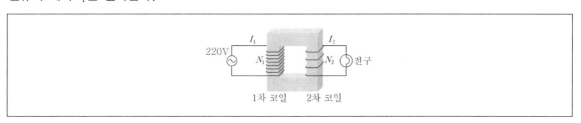

① 0.5A

② 1A

③ 1.5A

④ 2A

6 표는 0℃, 1기압에서 기체 (가)~(다)에 대한 자료를 나타낸 것이다. 이에 대한 설명으로 옳은 것은? (단, 0℃, 1기압에서 모든 기체 1몰의 부피는 22.4L이고, 아보가드로수는 6.0×10^{23}이다.)

기체	분자량	질량(g)	부피(L)	분자 수(개)
(가)		1	5.6	
(나)	17	34		
(다)	64			3.0×10^{23}

① 기체의 밀도는 (가) < (나) < (다)이다.

② 기체 (나)의 부피는 기체 (다)의 부피의 2배이다.

③ (가)와 (다)의 분자 수의 합은 (나)의 분자 수보다 많다.

④ 분자 수는 (다) < (가) < (나)이다.

7 그림은 원자 번호가 12인 마그네슘 원자와 이온의 전자 배치를 나타낸 것이다. 이에 대한 설명으로 옳은 것은?

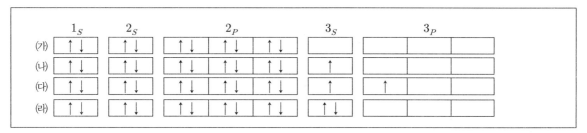

① (다)는 (라)보다 안정한 상태이다.

② (나)의 반지름은 (가)의 반지름보다 작다.

③ (라)에서 (나)로 될 때 필요한 에너지는 (나)에서 (가)로 될 때 필요한 에너지보다 작다.

④ (라)에서 (다)로 될 때 에너지를 방출한다.

8 그림은 고리 모양 탄화수소 (가)~(다)의 구조식을 나타낸 것이다. 이에 대한 설명으로 옳지 않은 것은? (단, $a \sim c$는 탄소 원자 사이의 결합 길이이다.)

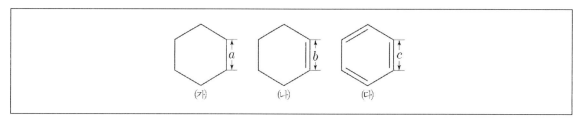

① 결합 길이는 $a > b = c$이다.

② (가)와 (나)는 입체 구조이다.

③ (나)와 (다)는 불포화 탄화수소이다.

④ (다)는 6개의 탄소 원자 간의 결합이 동등하다.

9 A^+와 B^-이온은 Ar의 전자 배치를 갖는다. 두 이온이 만나 형성하는 물질 AB에 대한 설명으로 옳은 것을 〈보기〉에서 모두 고르면? (단, A, B는 임의의 원소 기호이다.)

〈보기〉

㉠ AB는 AF보다 이온 간의 거리가 멀다.

㉡ CaO(산화칼슘)와 AB 중 녹는점이 높은 것은 CaO이다.

㉢ AB의 용융액은 전기 전도성이 있다.

① ㉠

② ㉠, ㉡

③ ㉡, ㉢

④ ㉠, ㉡, ㉢

10 화학 반응식 (가)~(다)에 대한 설명으로 옳지 않은 것은?

> (가) $HNO_3 + NaOH \rightarrow H_2O + NaNO_3$
> (나) $N_2 + 3H_2 \rightarrow 2NH_3$
> (다) $Cu + 4HNO_3 \rightarrow Cu(NO_3)_2 + 2NO_2 + 2H_2O$

① (가)~(다) 중 산화 – 환원 반응이 아닌 것은 (가)이다.

② (나)에서 N의 산화수는 감소한다.

③ (다)에서 Cu는 환원제이다.

④ (가)~(다) 중 N의 산화수가 가장 작은 것은 N_2이다.

11 그림은 호기성 세균 X와 해캄을 이용한 엥겔만의 실험 결과를 나타낸 것이다. 다음 중 세균의 분포를 통해 알 수 있는 생명 현상의 예로 가장 옳은 것은?

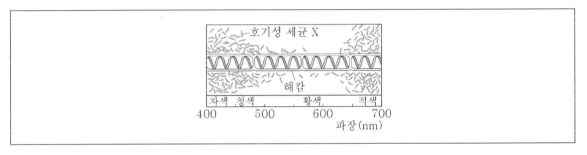

① 자식은 어버이의 형질을 닮는다.

② 지렁이는 빛을 피해 땅 속으로 숨는 경향을 보인다.

③ 새로 개발된 항생제에 저항성을 가지는 세균이 출현하였다.

④ 어린 개체는 세포 분열을 통해 몸집이 커지고 무게가 증가한다.

12 그림은 화성에 생명체가 존재하는지 알아보기 위한 실험을 나타낸 것이다. 이에 대한 설명으로 옳은 것은?

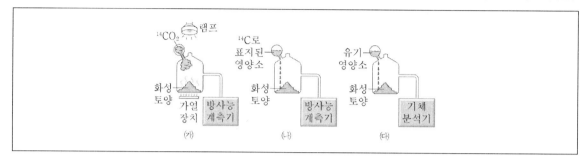

① (가)는 이화 작용을 하는 생명체의 존재 여부를 확인하기 위한 것이다.

② (나)에서 방사능 계측기는 O_2의 발생을 알아보기 위한 장치이다.

③ (다)는 동화 작용을 하는 생명체의 존재 여부를 확인하기 위한 것이다.

④ (가)~(다)에서 전제하고 있는 공통적인 생명 현상의 특성은 물질대사이다.

13 그림은 사람의 기관계를 나타낸 것이다. (가)~(라)는 각각 배설계, 소화계, 순환계, 호흡계 중 하나이며, A 는 (나)를 구성하는 기관 중 하나이다. 이에 대한 설명으로 가장 옳은 것은?

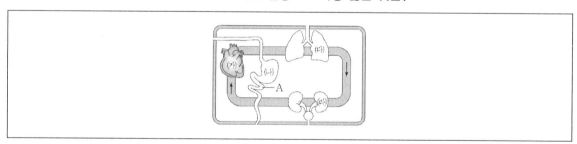

① (가)는 소화계이다.

② (나) 기관계의 A 운동을 조절하는 신경은 자율 신경이다.

③ 동맥혈은 (다)를 거쳐 정맥혈로 전환된다.

④ (라)에서 암모니아가 요소로 전환된다.

14 그림은 민말이집 신경의 일부를, 표는 이 신경의 두 지점 X 또는 Y 중 한 곳에만 역치 이상의 자극을 1회 주고 흥분 전도가 1회 일어날 때 세 지점 $Q_1 \sim Q_3$에서 동시에 측정한 막전위를 나타낸 것이다. 이에 대한 설명으로 옳은 것을 〈보기〉에서 모두 고르면? (단, 분극 상태에서 휴지전위는 −70mV이다.)

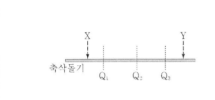

지점	막전위(mV)
Q_1	+10
Q_2	−45
Q_3	−80

〈보기〉

㉠ Q_1에서 Na^+ 농도는 축삭돌기 외부에서보다 내부에서 높다.

㉡ Q_3에서 탈분극이 일어나고 있다.

㉢ 분극 상태일 때 세포 안의 Na^+ 농도 유지에 ATP가 사용된다.

① ㉡　　　　　　　　　　　② ㉢

③ ㉠, ㉡　　　　　　　　　④ ㉠, ㉢

15 생태계의 군집과 개체군에 대한 설명으로 옳은 것은?

① 경쟁과 분서(나누어살기)는 개체군 내에서 관찰된다.

② 보통 하나의 개체군 내에서 먹이 사슬이 형성된다.

③ 기온이나 강수량 등에 따른 군집 분포는 생태 분포에 해당한다.

④ 특정 군집에서만 발견되어 그 군집의 특성을 나타내는 종을 희소종이라고 한다.

16 지구 환경에서 탄소의 순환에 대한 설명으로 옳은 것은?

① 해수의 온도가 상승하면 기권의 탄소량은 증가한다.

② 화산 활동이 활발해지면 지권의 탄소량은 증가한다.

③ 식물의 광합성이 증가하면 생물권의 탄소량은 감소한다.

④ 화석 연료의 사용량이 증가하면 지구 전체의 탄소량은 감소한다.

17 그림 (가)는 우리나라 주변 판의 운동을, (나)는 진앙의 분포를 나타낸 것이다. 이에 대한 설명으로 옳은 것은?

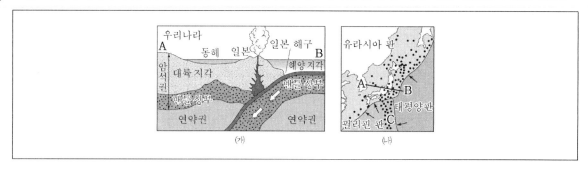

① 유라시아 판의 밀도가 태평양 판의 밀도보다 크다.

② A에서 B로 갈수록 심발 지진의 발생 빈도가 증가한다.

③ C 지역은 밀도가 더 큰 태평양 판이 필리핀 판 아래로 섭입하는 곳이다.

④ 유라시아 판과 필리핀 판의 경계에는 해령이 발달되어 있다.

18 그림은 2010년 8월에 발생한 태풍 곤파스의 이동 경로를 나타낸 것이다. 이에 대한 설명으로 가장 옳은 것은?

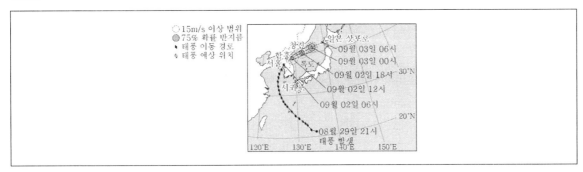

① 태풍이 육지를 통과하는 동안 중심 기압은 계속 낮아진다.

② 태풍이 전향점을 지나 북동진하는 것은 주로 무역풍 때문이다.

③ 태풍이 통과하는 동안 서귀포 지역에서의 풍향은 반시계 방향으로 변한다.

④ 태풍이 통과하는 동안 우리나라 남부지방에 강한 바람과 많은 비가 동반된다.

19 그림은 매일 초저녁 같은 시각에 관측한 달의 위치와 모양을 나타낸 것이다. 이에 대한 설명으로 옳지 않은 것은? (단, 그림의 날짜는 음력이다.)

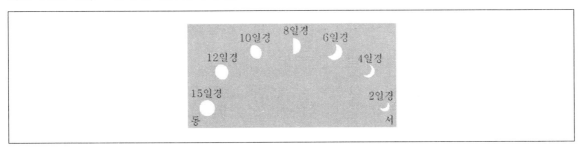

① 초저녁에 남중한 달은 상현달이다.

② 달이 뜨는 시각은 달의 공전 때문에 매일 약 50분씩 늦어진다.

③ 달의 위치와 모양이 변하는 까닭은 지구의 공전 때문이다.

④ 달은 지구 둘레를 따라 하루에 약 13°씩 서쪽에서 동쪽으로 이동해 간다.

20 그림은 지구의 공전 궤도와 황도 12궁을 나타낸 것이다. 이에 대한 설명으로 옳은 것은?

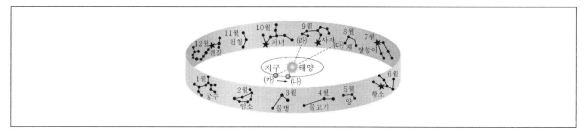

① 2월 무렵에는 지구가 ㈎의 위치에 있다.

② 지구가 ㈎에서 ㈏로 공전할 때, 태양은 별자리를 배경으로 ㈐에서 ㈑로 겉보기 운동을 한다.

③ 우리나라에서는 겨울철 자정에 궁수자리를 볼 수 있다.

④ 우리나라에서 남중 고도가 가장 낮은 별자리는 쌍둥이자리이다.

☞ 정답 및 해설 P.13

1 그림은 직선 상에서 운동하는 물체 A, B의 위치를 시간에 따라 나타낸 것이다. A, B의 운동에 대한 설명으로 옳은 것은? (단, 가는 실선과 굵은 실선은 각각 A와 B의 위치를 시간에 따라 나타낸 것이다.)

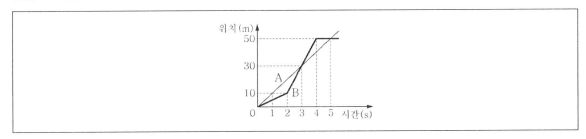

① 0~3초까지 이동한 거리는 A가 B보다 크다.

② 0~5초까지 평균 속력은 A와 B가 같다.

③ 3초일 때 순간 속력은 A가 B보다 크다.

④ 0~5초 동안 B는 등속도 운동한다.

2 그림과 같이 지면으로부터 높이가 h인 곳에서 질량이 같은 공 A, B, C를 서로 다른 방향으로 같은 속력 v_0로 던졌다. 이 공이 지면에 도달할 때의 속력의 크기(v_A, v_B, v_C)를 옳게 나타낸 것은? (단, 공기저항은 무시한다.)

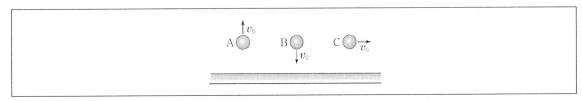

① $v_A > v_B > v_C$ ② $v_B > v_C > v_A$

③ $v_C > v_B > v_A$ ④ $v_A = v_B = v_C$

3 그림 (가)는 대전되지 않은 검전기의 금속판에 백열등 빛을 비추었더니 금속박에 아무 변화가 없는 모습을, (나)는 백열등을 자외선등으로 바꾸어 금속판에 빛을 비추었더니 금속박이 벌어진 모습을 나타낸 것이다. 이에 대한 설명으로 옳은 것은?

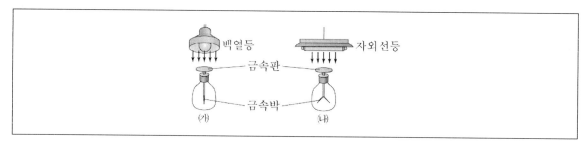

① (가)에서 백열등 빛의 세기를 증가시키면 금속박이 벌어진다.

② 자외선등 빛의 진동수는 금속판의 문턱 진동수보다 작다.

③ (나)에서 금속박은 양(+)전하로 대전된다.

④ 이 현상은 빛의 파동성의 증거이다.

4 다음 (가), (나), (다)는 각각 방사선 A, B, C를 방출하는 핵반응식을 나타낸 것이다. 이에 대한 설명으로 옳은 것은?

(가): $^{225}_{88}Ra \rightarrow {}^{222}_{86}Rn + [A]$

(나): $^{137}_{55}Cs \rightarrow {}^{137}_{56}Ba + [B] + \overline{\nu_e}$

(다): $^{20}_{10}Ne \rightarrow {}^{20}_{10}Ne + [C]$

① A는 렙톤의 한 종류이다.

② A, B, C 중 B가 투과력이 가장 강하다.

③ C는 암치료에 이용할 수 있다.

④ (나)의 $^{137}_{55}Cs$와 $^{137}_{56}Ba$는 동위 원소이다.

5 그림은 x축에 고정되어 있는 점전하 A, B가 만드는 전기장의 전기력선을 방향 표시 없이 나타낸 것이다. 점 b에서 전기장은 0이고, 점 c에서 전기장의 방향은 $-x$ 방향이다. 두 점전하 A, B와 점 a, b, c는 각각 같은 거리만큼 떨어져 있다. 이에 대한 설명으로 옳은 것은?

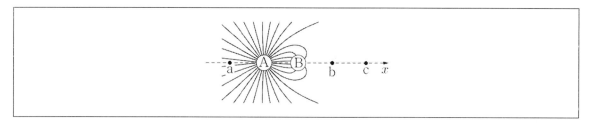

① 전하량의 크기는 A가 B의 2배이다.

② 전하량의 크기는 A가 B의 3배이다.

③ A는 양(+)전하, B는 음(−)전하이다.

④ a에서 전기장의 방향은 $+x$ 방향이다.

6 그림은 두 가지 오비탈을 나타낸 것이다. 이에 대한 설명으로 옳은 것은?

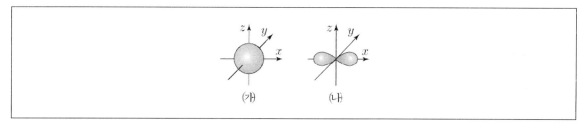

① (가)와 (나)는 모두 방향성이 있다.

② (가)와 (나)는 모든 전자 껍질에 존재한다.

③ 수용 가능한 최대 전자 수는 (가) < (나)이다.

④ 수소 원자에서 주양자수(n)가 같으면 오비탈의 에너지 준위는 (가)와 (나)가 같다.

7 표는 중성 원자 $A \sim D$가 안정한 이온이 될 때의 양성자 수와 전자 수에 대한 자료이다. 이에 대한 설명으로 옳은 것은? (단, $A \sim D$는 임의의 원소 기호이다.)

구분	A	B	C	D
양성자 수	8	9	11	12
전자 수	10	10	10	10

① 이온 반지름은 A가 가장 크다.

② A와 B는 양이온, C와 D는 음이온이 된다.

③ A와 C가 결합한 물질의 화학식은 A_2C이다.

④ B와 D가 결합할 때 전자는 B에서 D로 이동한다.

8 그림은 원소 X로 이루어진 분자와 원소 Y로 이루어진 분자의 반응을 모형으로 나타낸 것이다. 이 반응의 화학 반응식으로 가장 옳은 것은? (단, X, Y는 임의의 원소 기호이다.)

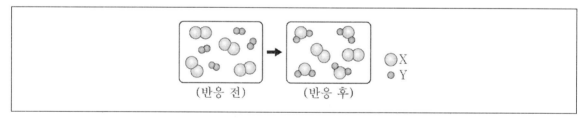

① $X + Y \rightarrow XY$

② $X_2 + Y_2 \rightarrow XY_2$

③ $X_2 + 2Y_2 \rightarrow 2XY_2$

④ $4X_2 + 4Y_2 \rightarrow 4XY_2 + 2X_2$

9 그림은 전기장이 없을 때와 전기장이 있을 때 HF분자의 배열을 나타낸 것이다. 이에 대한 설명으로 옳은 것은?

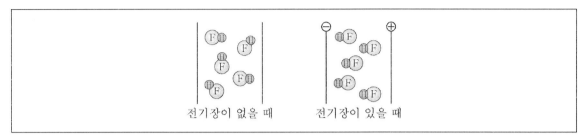

① F 원자는 부분적인 (+) 전하를 띤다.

② HF 분자는 쌍극자 모멘트의 합이 0이다.

③ 전기 음성도는 F 원자보다 H 원자가 크다.

④ $H-F$ 결합에서 공유 전자쌍은 F 원자 쪽으로 치우친 상태로 존재한다.

10 그림은 드라이아이스에 구멍을 낸 후, 마그네슘 가루를 넣고 불을 붙였더니 반응 후 검은색의 탄소 가루가 생성된 것을 나타낸 것이다. 이에 대한 설명으로 옳지 않은 것은?

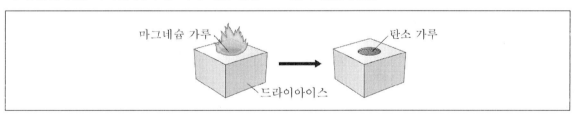

① 마그네슘은 산화되었다.

② 이산화탄소는 환원제로 작용하였다.

③ 반응에서 C의 산화수는 감소하였다.

④ 탄소 가루는 이산화탄소가 환원되어 생성되었다.

11 표는 동물 조직 $A \sim C$의 예를 나타낸 것이며, $A \sim C$는 각각 근육 조직, 상피 조직, 결합 조직 중 하나이다. 이에 대한 설명으로 옳지 않은 것은?

조직	A	B	C
조직의 예			

① A는 기관의 표면이나 안쪽 벽을 덮고 있다.

② B는 결합 조직에 속한다.

③ 뼈와 힘줄은 C에 속한다.

④ 심장에는 $A \sim C$가 모두 있다.

12 그림은 뇌하수체에서 분비되는 호르몬 A, B와 각각의 표적 기관을 나타낸 것이다. 이에 대한 설명으로 옳지 않은 것은? (단, 호르몬 A와 B는 ADH와 TSH 중 하나이다.)

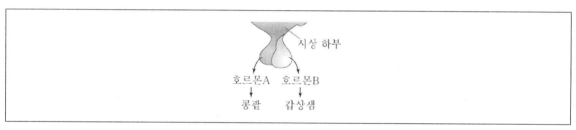

① A는 항이뇨 호르몬(ADH)이다.

② A의 분비량이 증가하면 오줌의 삼투압이 낮아진다.

③ B는 뇌하수체 전엽에서 분비된다.

④ 갑상샘을 제거하면 B의 분비량은 제거 전보다 증가한다.

13 그림은 체내에서 일어나는 방어 작용의 일부를 나타낸 것이다. 이에 대한 설명으로 옳지 않은 것은?

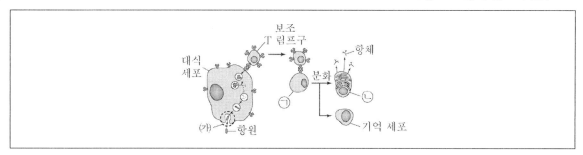

① (가)는 특이적 방어 작용이다.

② ⊙은 골수에서 성숙된다.

③ ⓛ은 형질 세포이다.

④ 기억 세포는 2차 면역 반응에 관여한다.

14 그림은 생태계에서 일어나는 질소 순환 과정을 나타낸 것이다. 이에 대한 설명으로 옳지 않은 것은?

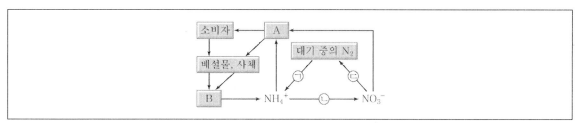

① A는 광합성을 한다.

② B에는 곰팡이가 속한다.

③ ⊙은 탈질소 작용이다.

④ ⊙~ⓒ에는 모두 세균이 관여한다.

15 표는 100명의 학생 집단을 대상으로 ABO식 혈액형에 대한 응집원 A와 응집소 β의 유무를 조사한 것이며, 이 집단에는 A형, B형, AB형, O형이 모두 있다. 이에 대한 설명으로 옳은 것은?

구분	학생 수
응집원 A를 가진 학생	48
응집소 β를 가진 학생	57
응집원 A와 응집소 β를 모두 가진 학생	37

① B형 학생이 가장 많다.

② 항 B 혈청에 응집되는 혈액을 가진 학생은 43명이다.

③ 응집원 A와 응집원 B를 모두 가진 학생은 9명이다.

④ 응집소 α와 응집소 β를 모두 가진 학생은 22명이다.

16 그림 (가)는 진원의 깊이에 따른 지진의 진앙 분포와 주요 변동대 A~D를 나타낸 것이고, 그림 (나)는 A~D를 확대한 것이다. 변동대 A~D에 대한 설명으로 옳은 것은?

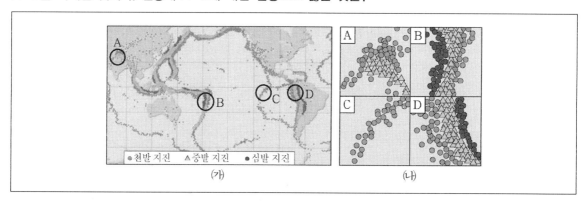

① 인접한 두 판의 밀도 차는 D가 C보다 크다.

② B는 수렴형 경계이고, C에는 베니오프대가 발달한다.

③ D에는 새로운 해양 지각이 생성된다.

④ A와 D는 맨틀 대류의 상승류가 있는 지역이다.

17 표는 평상시 생화학적 산소 요구량이 1ppm 미만인 어느 하천의 한 지점으로 오염 물질이 유입되었을 때, 관측점 A, B, C에서 동시에 측정한 수질 자료이다. 하천은 $A \to B \to C$ 방향으로 흐른다. 이에 대한 설명으로 옳지 않은 것은?

관측점	용존 산소량(ppm)	생화학적 산소 요구량(ppm)
A	7.5	0.5
B	5.0	4.0
C	6.0	2.5

① 유기물 함량은 A가 가장 낮다.

② $A \to B \to C$ 방향으로 흐를수록 하천수의 수질은 점점 나빠지고 있다.

③ 생화학적 산소 요구량이 증가하면 일반적으로 용존 산소량은 감소한다.

④ 오염 물질은 B의 상류에서 유입되었다.

18 다음은 지구계의 여러 가지 현상을 일으키는 에너지원을 나타낸 것이다. 지구계의 에너지원에 대한 설명으로 옳은 것은?

태양 에너지, 지구 내부 에너지, 조력 에너지

① 지구계의 에너지원 중 태양 에너지가 가장 큰 비중을 차지한다.

② 지구 내부 에너지는 수소 핵 융합 반응에 의해 만들어진다.

③ 지진과 화산활동을 일으키는 에너지원은 태양 에너지이다.

④ 밀물과 썰물은 지구 내부 에너지에 의해 발생한다.

19 그림 (가)는 우리나라에서 어느 날 관측한 달의 모습을, (나)는 태양 – 지구 – 달의 위치 관계를 나타낸 것이다. 이 자료에서 달을 관측한 시기와 방향 및 달의 위치를 바르게 나타낸 것은?

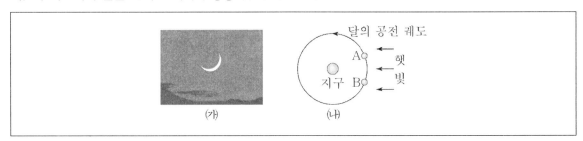

(가)   (나)

	관측 시기	관측 방향	달의 위치
①	초저녁	서쪽 하늘	A
②	새벽	동쪽 하늘	A
③	초저녁	서쪽 하늘	B
④	새벽	서쪽 하늘	B

20 표층 해류에 대한 설명 중 옳은 것만을 〈보기〉에서 모두 고른 것은?

〈보기〉
㉠ 북태평양 아열대 순환은 시계 방향으로 순환한다.
㉡ 북적도 해류는 북동 무역풍에 의해 발생한다.
㉢ 쿠로시오 해류는 난류, 캘리포니아 해류는 한류이다.

① ㉠, ㉡   ② ㉠, ㉢
③ ㉡, ㉢   ④ ㉠, ㉡, ㉢

1 충세포 소기관과 그 기능이 옳게 짝지어진 것은?

① 골지체 – 물질의 저장 및 분비를 담당한다.

② 소포체 – 포도당을 합성한다.

③ 핵 – 생명 활동에 필요한 에너지를 생성한다.

④ 중심립 – 가수 분해 효소가 있어서 세포 내 소화를 담당한다.

2 그림은 사람의 순환계를 나타낸 것이다. 이에 대한 설명으로 옳은 것은?

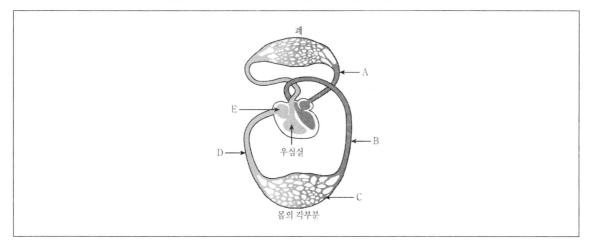

① 혈관 A는 폐동맥이다.

② 혈관 B에는 판막이 있다.

③ 혈액은 혈관 B→C→D의 방향으로 흐른다.

④ E는 산소 분압이 가장 높은 곳이다.

3 그림은 세균과 바이러스를 기준 (가)에 따라 분류한 것이다.

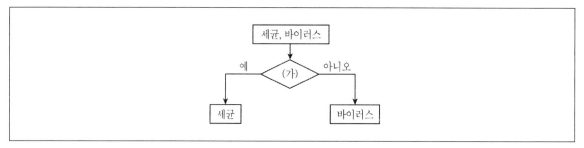

(가)에 해당하는 것으로 옳은 것만을 〈보기〉에서 고른 것은?

〈보기〉

㉠ 핵산을 가지고 있는가?

㉡ 세포 구조로 되어 있는가?

㉢ 숙주 세포 없이도 증식할 수 있는가?

㉣ 후천성 면역 결핍 증후군(AIDS)을 일으키는 병원체인가?

① ㉠, ㉡   ② ㉠, ㉣

③ ㉡, ㉢   ④ ㉢, ㉣

4 물질대사에 대한 설명으로 옳지 않은 것은?

① 생물체 내에서 일어나는 물질의 화학 반응을 포함한다.

② 물질대사가 일어날 때는 에너지가 흡수되거나 방출된다.

③ 광합성은 이화 작용의 대표적인 예이다.

④ 동화 작용은 작은 분자들을 큰 분자로 합성하는 과정이다.

5 그림은 염색체와 그 세부 구조를 나타낸 것이다. 이에 대한 설명으로 옳지 않은 것은?

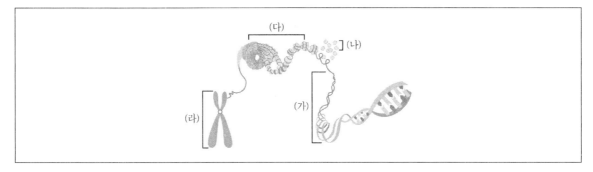

① (가)는 인산, 당, 염기가 1 : 1 : 1로 결합된 뉴클레오타이드로 구성된다.

② (나)는 DNA와 함께 뉴클레오솜을 형성한다.

③ (다)는 세포 분열 시 응축되어 염색체가 된다.

④ (라)는 감수 1분열 과정에서 염색 분체의 분리가 일어난다.

6 금속 표면에 적색 빛을 비출 때 표면에서 전자가 튀어나오는 현상과 관련된 설명으로 〈보기〉에서 옳은 것만을 고른 것은?

〈보기〉
ㄱ. 주어진 금속에 특정 값보다 작은 파장의 빛을 비추어야만 전자가 튀어나올 수 있다.
ㄴ. 적색 빛의 세기가 2배가 되면 튀어나오는 전자의 최대 운동 에너지도 2배가 된다.
ㄷ. 청색 빛을 비출 때 튀어나오는 전자의 최대 운동 에너지는 적색 빛의 경우보다 더 크다.
ㄹ. 빛이 파동임을 입증하는 현상이다.

① ㄱ, ㄴ   ② ㄱ, ㄷ

③ ㄴ, ㄷ   ④ ㄴ, ㄹ

7 그림과 같이 수평면에 정지해 있던 질량이 2kg인 물체에 수평 방향으로 4N의 힘을 2초 동안 작용하였다. 물체가 수평면을 지나서 경사면을 따라 도달할 수 있는 수평면으로부터의 최대 높이 h[m]는? (단, 수평력이 작용되는 동안 물체는 수평면에 있고, 물체의 크기 및 모든 마찰과 공기 저항은 무시하며, 중력 가속도는 10 m/s²이다)

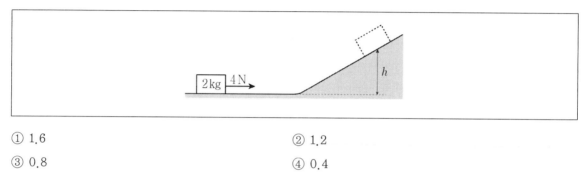

① 1.6

② 1.2

③ 0.8

④ 0.4

8 그림 (가)는 동일한 도체구 A와 B를 나타낸 것이다. A는 +Q의 전하로 대전되어 있고 B는 대전되어 있지 않다. 그림 (나)는 (가)의 두 도체구를 접촉시켰다가 다시 처음 위치로 떼어 놓은 것을 나타낸 것이다. 이에 대한 설명으로 〈보기〉에서 옳은 것만을 모두 고른 것은?

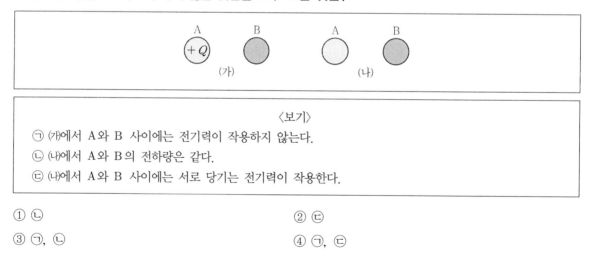

〈보기〉

ㄱ. (가)에서 A와 B 사이에는 전기력이 작용하지 않는다.

ㄴ. (나)에서 A와 B의 전하량은 같다.

ㄷ. (나)에서 A와 B 사이에는 서로 당기는 전기력이 작용한다.

① ㄴ

② ㄷ

③ ㄱ, ㄴ

④ ㄱ, ㄷ

9 그림은 세기가 각각 B와 $2B$인 균일한 자기장이 형성된 평면 상의 영역 I과 영역 II를 나타내며, 영역 I 의 자기장은 지면으로 들어가는 방향이고, 영역 II의 자기장은 지면으로부터 나오는 방향이다. 그림과 같 이 동일한 두 고리 도선 a와 b가 속력은 같고 서로 반대 방향으로 영역의 경계를 지나고 있다. 이에 대 한 설명으로 옳은 것은?

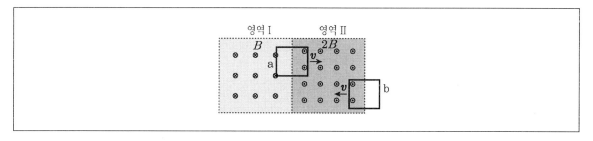

① a에 유도된 전류의 방향은 시계방향이다.

② b에 유도된 전류의 방향은 반시계방향이다.

③ a에 유도된 전류와 b에 유도된 전류의 세기는 같다.

④ a에 유도된 기전력은 b에 유도된 기전력보다 크기가 작다.

10 그림 (가)는 단열된 실린더에 들어있는 이상 기체를 나타낸 것이다. 그림 (나)는 상태 (가)에서 피스톤을 고정 하고 열량 Q를 유입시켜 평형상태에 도달한 기체를, 그림 (다)는 상태 (가)에서 피스톤을 고정하지 않고 열 량 Q를 서서히 유입시켜 평형상태에 도달한 기체를 나타낸 것이다. 이에 대한 설명으로 옳지 않은 것 은? (단, 모든 과정에서 대기압은 일정하며, 피스톤의 무게와 벽면과의 마찰은 무시한다)

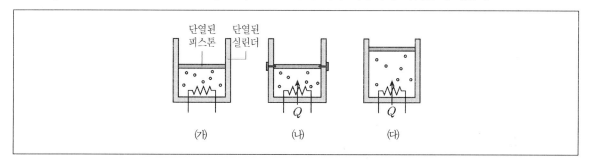

① (가)~(다) 중 (가)에서 기체의 온도가 가장 낮다.

② (다)보다 (나)에서 기체의 온도가 높다.

③ (다)보다 (나)에서 기체의 압력이 크다.

④ (다)에서 기체의 내부 에너지는 (가)보다 Q만큼 크다.

11 그림은 동일한 지진에 대하여 서로 다른 장소의 지진 관측소 A, B, C에서 관측한 지진파를 기록한 것이다. 이에 대한 설명으로 옳은 것은?

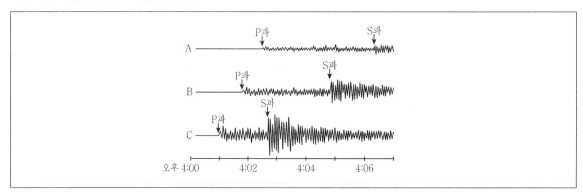

① 지진 발생 시각은 오후 4시 1분 이후이다.

② 각 관측소에 도달하는 S파는 고체 물질만을 통과하여 전파된다.

③ 진폭의 크기로 보아 지진의 규모는 세 관측소 중 C에서 가장 크다.

④ 동일한 지진이므로 진폭과 관계없이 진도 값은 A, B, C 모두 같다.

12 다음은 영희가 서로 다른 두 지역 ㈎와 ㈏를 지질 답사한 후 작성한 보고서의 일부이다.

㈎

[전남 해남군 우항리 퇴적암층]
어두운 색의 셰일과 밝은 색의 사암
등이 교대로 평행하게 발달한 퇴적
암층. 이 암층에서 공룡·새 발자국
화석이 발견됨.

㈏

[포항 달전리 주상 절리]
신생대에 형성된 높이 20 m, 폭 100 m
규모의 주상 절리가 수직으로 발달됨.

이에 대한 설명으로 〈보기〉에서 옳은 것만을 모두 고른 것은?

〈보기〉
㉠ ㈎의 우항리 퇴적암층은 중생대에 생성된 암층이다.
㉡ ㈏의 주상 절리는 마그마가 지하 깊은 곳에서 천천히 식으면서 형성되었다.
㉢ ㈏의 주상 절리는 주로 화강암으로 구성된다.

① ㉠ ② ㉡
③ ㉠, ㉢ ④ ㉡, ㉢

13 그림은 우리나라 부근에 영향을 미치는 황사의 발생과 이동 경로를 나타낸 것이다.

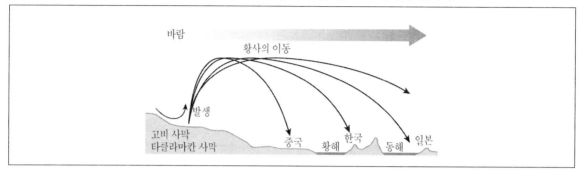

이에 대한 설명으로 〈보기〉에서 옳은 것만을 모두 고른 것은?

〈보기〉
ㄱ. 상공에서 부는 바람은 주로 편동풍이다.
ㄴ. 황사는 주로 장마철에 잘 발생한다.
ㄷ. 황사 현상은 지권과 기권의 상호 작용으로 발생한다.

① ㄱ   ② ㄷ
③ ㄱ, ㄴ   ④ ㄴ, ㄷ

14 그림 (가)는 대기가 없는 경우를 가정할 때 어떤 행성에서의 복사 평형을 나타낸 모식도이고, 그림 (나)는 이 행성에서 대기가 있는 경우의 복사 평형을 나타낸 모식도이다. 이에 대한 설명으로 옳은 것은? (단, a~d는 흡수 또는 방출되는 복사 에너지를 나타낸다)

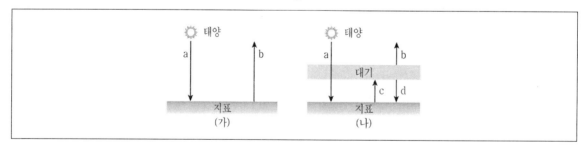

① a는 행성 복사 에너지이다.
② 지표면의 연평균 온도는 (가)가 (나)보다 더 높다.
③ (나)에서 a + d = c 이다.
④ 지표면의 하루 중 최고 온도에서 최저 온도를 뺀 값은 (나)가 (가)보다 더 크다.

15 그림은 케플러 법칙을 만족하는 어떤 소행성의 공전 궤도를 나타낸 것이다.

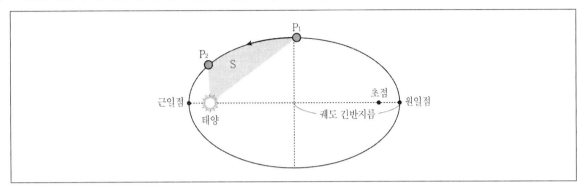

P_1에서 P_2까지 이동하는 데 걸리는 시간은 1년이고, 색칠한 부분의 면적 S는 전체 궤도 면적의 $\frac{1}{8}$이었다. 이 소행성에 대한 설명으로 〈보기〉에서 옳은 것만을 모두 고른 것은?

〈보기〉
㉠ 공전 속도는 근일점에서 가장 느리다.
㉡ 공전 주기는 8년이다.
㉢ 공전 궤도 긴반지름은 지구의 16배이다.

① ㉠
② ㉡
③ ㉡, ㉢
④ ㉠, ㉡, ㉢

16 그림 (가)~(다)는 2주기의 서로 다른 중심 원자에 수소(H)가 결합된 중성인 분자 모형을 나타낸 것이다. 이에 대한 설명으로 옳은 것은? (단, (가)~(다)의 중심 원자는 옥텟 규칙을 만족한다)

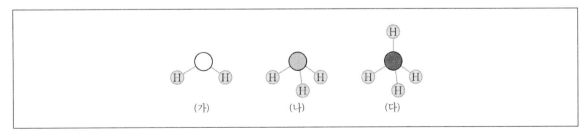

① 극성 분자는 1개이다.
② 비공유 전자쌍은 (가)가 가장 많다.
③ (다)는 무극성 공유 결합을 갖는 분자이다.
④ 중심 원자에서의 결합각은 (나)가 (다)보다 크다.

17 다음은 에탄올(C_2H_5OH)이 완전 연소할 때, 화학 반응식을 나타낸 것이다. 에탄올 1몰을 완전 연소시키기 위해 필요한 산소기체(O_2)의 질량[g]은? (단, a, b, c, d는 화학 반응식의 계수이고, O의 원자량은 16이다)

$$a\,C_2H_5OH(l) + b\,O_2(g) \rightarrow c\,CO_2(g) + d\,H_2O(g)$$

① 48

② 64

③ 80

④ 96

18 그림은 임의의 원소 A ~ C의 순차적 이온화 에너지를 나타낸 것이다. 이에 대한 설명으로 옳은 것은? (단, A는 2주기 원소, B와 C는 3주기 원소이다)

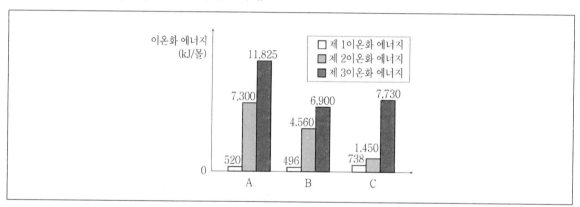

① A와 C는 같은 족이다.

② 원자 번호는 B > C이다.

③ B는 A보다 물에 대한 반응성이 크다.

④ A ~ C 중, 원자 반지름은 C가 가장 크다.

19 다음의 화학 반응식에 대한 설명으로 옳은 것은?

> (가) $NH_3(g) + BF_3(g) \rightarrow H_3NBF_3(g)$
>
> (나) $NO_3^-(aq) + H_3O^+(aq) \rightarrow HNO_3(aq) + H_2O(l)$
>
> (다) $CH_3NH_2(aq) + H_3O^+(aq) \rightarrow CH_3NH_3^+(aq) + H_2O(l)$
>
> (라) $CH_3COOH(aq) + H_2O(l) \rightarrow CH_3COO^-(aq) + H_3O^+(aq)$

① (가)에서 BF_3는 루이스의 산이다.

② (나)에서 NO_3^-는 아레니우스의 염기이다.

③ (다)에서 CH_3NH_2는 브뢴스테드–로우리의 산이다.

④ (라)의 수용액에 페놀프탈레인을 가하면 붉게 변한다.

20 그림은 황산(H_2SO_4) 수용액 20 mL에 수산화칼륨(KOH) 수용액을 조금씩 가했을 때, 이 용액에 존재하는 수산화 이온(OH^-)의 개수 변화를 나타낸 것이다. 이에 대한 설명으로 옳은 것은?

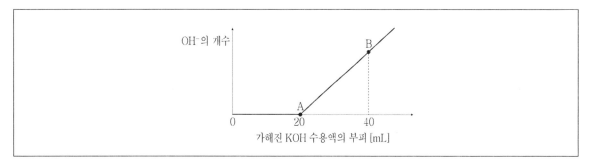

① A지점의 용액은 전기전도도가 0이다.

② B지점의 용액에 존재하는 이온의 종류는 2가지뿐이다.

③ 반응에 사용된 황산 수용액과 수산화칼륨 수용액의 농도는 서로 같다.

④ B지점의 용액에 존재하는 이온 중, 가장 많은 것은 K^+이다.

1 그림과 같은 유형의 염색체 구조 이상으로 발생하는 유전 질환으로 적절한 것은?

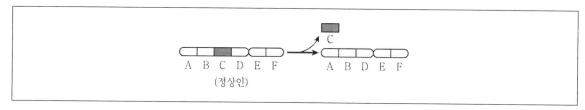

① 터너 증후군

② 다운 증후군

③ 고양이울음(묘성) 증후군

④ 클라인펠터 증후군

2 건강한 사람의 체내 수분량 항상성 유지에 관여하는 항이뇨 호르몬(ADH)에 대한 설명으로 옳은 것은?

① ADH는 콩팥에서 수분의 재흡수를 촉진한다.

② ADH는 뇌하수체 전엽에서 분비된다.

③ ADH 분비가 증가하면 오줌의 양이 증가한다.

④ ADH 분비가 증가하면 체액의 삼투압이 증가한다.

3 그림은 안정된 생태계에서 영양 단계에 따른 에너지의 이동량을 상댓값으로 나타낸 것이다. 1차 소비자의 에너지 효율[%]은?

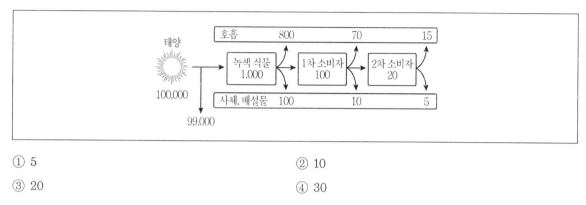

① 5   ② 10

③ 20   ④ 30

4 그림은 어떤 동물(2n = 6)의 암컷(XX)과 수컷(XY)의 체세포에 들어 있는 염색체와 유전자(A, a, B, b, D, d, E, e, f)를 나타낸 것이다. 이에 대한 설명으로 옳은 것은? (단, 돌연변이와 교차는 일어나지 않는다고 가정한다)

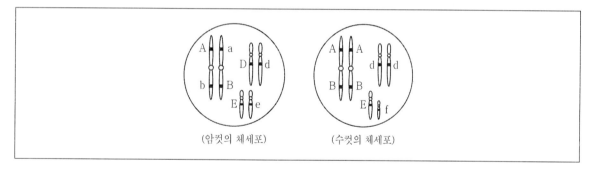

① 이 동물의 상염색체 수는 6개이다.

② 이 암컷은 유전자형이 ABde인 난자를 형성할 수 있다.

③ 이 암컷과 수컷으로부터 유전자형이 AaBBddEf인 암컷이 태어날 수 있다.

④ 이 암컷의 난자 형성 시 유전자 A와 a는 감수 1분열에서 각각 다른 세포로 나뉘어 들어간다.

5 그림의 A와 B는 자율신경계의 교감 신경과 부교감 신경을 순서 없이 나타낸 것이다. 이에 대한 설명으로 옳은 것은?

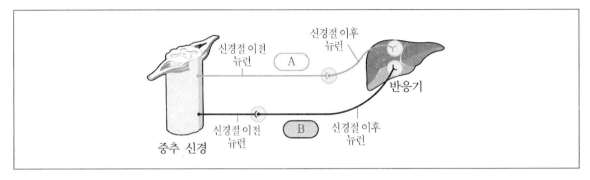

① A와 B는 운동신경으로만 구성되어 있다.

② A는 교감 신경이고, B는 부교감 신경이다.

③ A와 B는 대뇌의 영향을 직접 받는다.

④ A와 B의 신경절 이전 뉴런은 아드레날린을 분비한다.

6 그림은 등가속도 직선 운동하는 물체의 속도를 시간에 따라 나타낸 것이다. 0초부터 10초까지 물체의 운동에 대한 설명으로 옳은 것은?

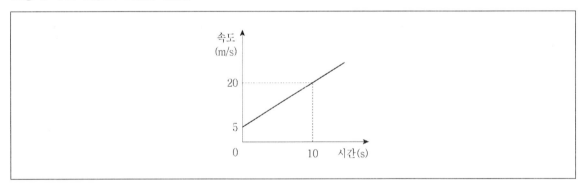

① 물체의 이동 거리는 125m이다.

② 물체의 가속도의 크기는 2m/s^{2}이다.

③ 물체에 작용하는 알짜힘의 크기는 증가한다.

④ 물체에 작용하는 알짜힘의 방향과 물체의 운동 방향은 반대이다.

7 그림과 같이 빛이 굴절률 n_1인 매질에서 n_2인 매질로 입사할 때 입사각은 30°, 굴절각은 45°이었다. 이에 대한 설명으로 옳은 것은?

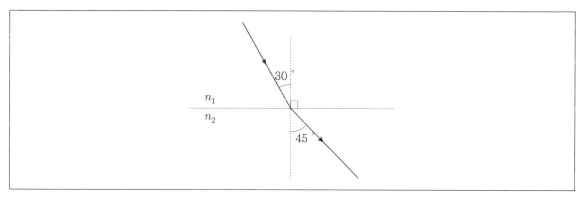

① 굴절률은 n_1이 n_2보다 작다.

② 입사각을 30°보다 크게 하면 굴절각은 45°보다 작아진다.

③ 굴절률이 n_1인 매질에서보다 n_2인 매질에서 빛의 속력이 느리다.

④ 빛이 굴절률 n_1인 매질에서 n_2인 매질로 진행할 때 전반사가 일어날 수 있다.

8 그림 ㈎는 고온의 액체 A가 든 비커를 저온의 액체 B에 담근 모습이고, ㈏는 A와 B의 온도를 시간에 따라 나타낸 것이다. t초 후 A와 B의 온도가 같아졌고, A의 온도 변화가 B의 온도 변화보다 크다. 이에 대한 설명으로 옳은 것은? (단, A와 B의 질량은 같고, 열의 이동은 A와 B 사이에서만 일어난다고 가정한다)

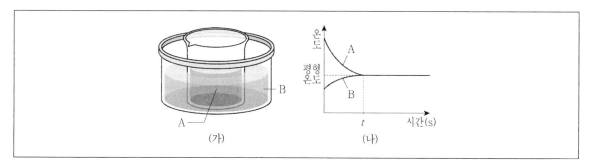

① 비열은 A가 B보다 크다.

② 이 현상과 관련된 법칙은 온도 측정의 이론적 기반이 된다.

③ A가 잃은 열량이 B가 얻은 열량보다 크다.

④ 열용량은 A와 B가 같다.

9 그림 (가)는 지면에 수직으로 들어가는 방향으로 균일하게 형성된 자기장 영역에 원형고리도선이 고정된 것을 나타낸 것이고, (나)는 (가)에서 주어진 자기장의 세기(B)를 시간에 따라 나타낸 것이다. 각 구간 a, b, c, d에서 원형고리도선에 유도되는 전류의 세기를 각각 I_a, I_b, I_c, I_d라고 할 때, 그들의 크기 순서를 옳게 나타낸 것은?

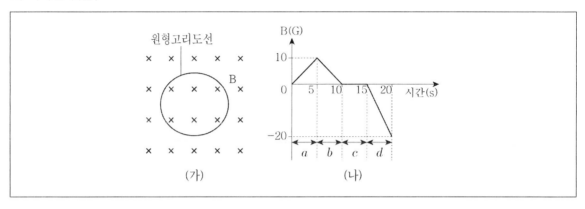

① $I_c < I_a = I_b < I_d$

② $I_d < I_c < I_b < I_a$

③ $I_c < I_d < I_b < I_a$

④ $I_d < I_c < I_a = I_b$

10 그림 (가)는 수소 원자의 선스펙트럼을, (나)는 (가)의 A, B, C에 해당하는 빛을 금속판에 동시에 비추었을 때 광전자가 방출되는 것을 나타낸 것이다. A, B, C는 각각 양자수가 n = 3, n = 4, n = 5인 궤도에서 n = 2인 궤도로 전자가 전이할 때의 방출선이고, f_A, f_B, f_C는 각각 A, B, C에 해당하는 빛의 진동수들이다. 어떤 금속판의 문턱 진동수가 f_B보다 크다고 할 때, 이 현상에 대한 설명으로 옳은 것은?

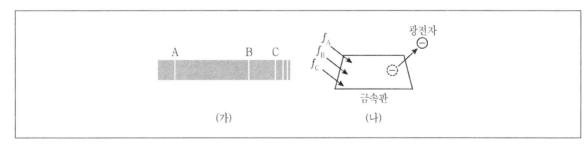

① 진동수는 f_A가 f_B보다 크다.

② A에 해당하는 빛의 파장이 C에 해당하는 빛의 파장보다 길다.

③ 진동수가 f_C인 빛만 금속판에 비추면 광전자가 방출되지 않는다.

④ 진동수가 f_A인 빛의 세기를 더 강하게 하여 금속판에 비추면 더 많은 광전자가 방출된다.

11 그림은 세계의 주요 판과 판의 경계를 나타낸 것이다. 판의 경계 A ~ D의 특징적인 지형이 옳게 짝지어 진 것은?

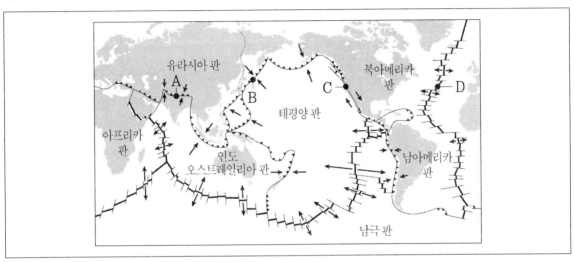

① A – 해구
② B – 해령
③ C – 변환 단층
④ D – 호상 열도

12 그림은 우리나라 계절 길이의 연대별 변화를 나타낸 것이다. 과거에 비해 미래로 갈수록 일어나는 변화에 대한 설명으로 옳지 않은 것은?

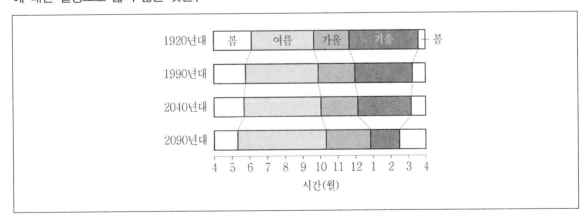

① 여름이 길어진다.
② 시베리아 기단의 영향이 커진다.
③ 봄의 시작이 빨라진다.
④ 가을의 시작이 늦어진다.

13 그림 (가)는 설악산 울산바위이고, (나)는 제주도 주상 절리이다. 이에 대한 설명으로 옳은 것은?

(가)　　　　　　　　　　　　　(나)

① (가)는 중생대에 생성된 암석으로 이루어진 것이다.

② (나)는 암석이 풍화 작용에 의해 갈라져 형성된 것이다.

③ (가)는 퇴적암 지형이고, (나)는 화성암 지형이다.

④ (가)의 암석은 (나)의 암석에 비해 구성 광물의 입자 크기가 더 작다.

14 그림은 지구의 주요 표층 해류와 대기 대순환을 모식적으로 나타낸 것이다. 해류 A ~ D에 대한 설명으로 옳지 않은 것은?

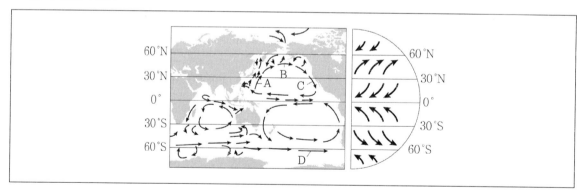

① A는 난류이다.

② B는 편서풍의 영향을 받는다.

③ C는 A보다 염분이 높다.

④ D는 남극 순환류이다.

15 그림은 우리나라 부근의 일기도를 나타낸 것이다. 이에 대한 설명으로 옳은 것은?

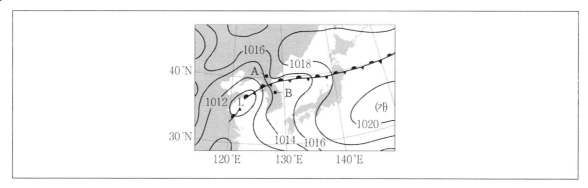

① 봄철에 주로 나타나는 일기도이다.

② (가)는 오호츠크 해 고기압이다.

③ 기온은 A 지역이 B 지역보다 높다.

④ A 지역과 B 지역 사이에 위치한 전선은 정체 전선이다.

16 0℃, 1 기압에서 수소(H_2), 메테인(CH_4), 산소(O_2) 기체가 각각 1g씩 따로 존재한다. 각 기체에 대한 물리량의 크기 비교로 옳은 것만을 〈보기〉에서 모두 고른 것은? (단, 수소, 탄소, 산소의 원자량은 각각 1, 12, 16이다)

〈보기〉

㉠ 기체의 몰수 : $O_2 < CH_4 < H_2$

㉡ 원자의 개수 : $O_2 < H_2 < CH_4$

㉢ 기체의 밀도 : $H_2 < O_2 < CH_4$

① ㉠

② ㉢

③ ㉠, ㉡

④ ㉡, ㉢

17 마그네슘(Mg)과 묽은 염산(HCl)을 반응시키면 염화마그네슘($MgCl_2$)과 수소(H_2) 기체가 생성된다. 마그네슘 48 g을 충분한 양의 묽은 염산과 완전히 반응시켰을 때, 발생하는 수소 기체의 0℃, 1기압에서의 부피[L]는? (단, 0℃, 1기압에서 기체 1몰의 부피는 22.4 L이며, 마그네슘의 원자량은 24이다)

① 11.2

② 22.4

③ 33.6

④ 44.8

18 표는 바닥상태에 있는 중성원자 A, B, C, D의 전자들이 전자껍질 K, L, M에 배치된 상태를 나타낸 것이다. 이에 대한 설명으로 옳은 것은? (단, A, B, C, D는 임의의 원소 기호이다)

원자	전자배치
A	K(2) L(1)
B	K(2) L(8) M(1)
C	K(2) L(8) M(3)
D	K(2) L(8) M(7)

① 제1 이온화 에너지는 A가 B보다 작다.

② C와 D는 같은 족에 속하는 원소이다.

③ 원자 반지름은 B가 C보다 크다.

④ 화합물 AD는 공유결합 물질이다.

19 그림과 같은 장치에 탄화수소 X를 넣고 충분한 양의 산소(O_2)를 공급하면서 가열하여 완전 연소시켰다. 이때 염화칼슘($CaCl_2$) 관과 수산화나트륨($NaOH$) 관의 질량이 각각 36 mg과 88 mg 증가하였고, 반응 후 남은 산소만이 배출되었다. X의 실험식으로 적절한 것은? (단, 수소, 탄소, 산소의 원자량은 각각 1, 12, 16이다)

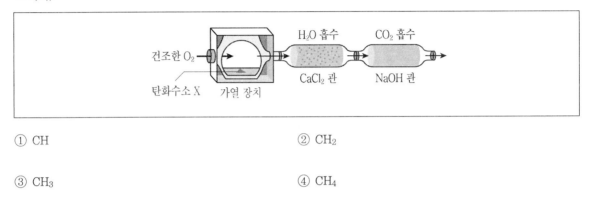

① CH

② CH_2

③ CH_3

④ CH_4

20 그림은 일정량의 수산화나트륨($NaOH$) 수용액에 염산(HCl)을 첨가할 때, 혼합용액 내의 이온들 ㈎, ㈏, ㈐, ㈑의 이온 수 변화를 나타낸 것이다. 이에 대한 설명으로 옳은 것은? (단, ㉠, ㉡, ㉢은 염산이 각각 a, b, c만큼 첨가되었을 때의 혼합용액이다)

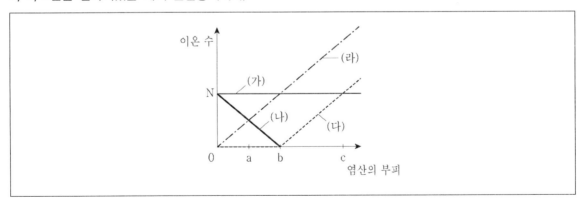

① ㈎와 ㈐는 구경꾼 이온이다.

② ㉠과 ㉡의 총 이온 수는 같다.

③ ㉢에 생성된 물 분자 수는 2N이다.

④ pH는 ㉠이 ㉢보다 작다.

1 그림은 수평면에 놓인 물체 B 위에 물체 A를 올려놓은 것을 나타낸 것이다. A, B의 질량은 각각 m, $2m$ 이고, A와 B는 정지한 상태이다. 이에 대한 설명으로 옳은 것을 〈보기〉에서 모두 고른 것은? (단, 중력 가속도는 g이다.)

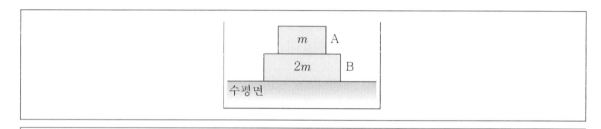

〈보기〉
ㄱ A에 작용하는 알짜힘(합력)은 0이다.
ㄴ A가 B를 누르는 힘과 B가 A를 떠받치는 힘은 작용과 반작용의 관계이다.
ㄷ 수평면이 B를 떠받치는 힘의 크기는 $2mg$이다.

① ㄱ

② ㄷ

③ ㄱ, ㄴ

④ ㄴ, ㄷ

2 파동에 대한 설명으로 옳지 않은 것은?

① 파동이 퍼져 나갈 때 전달되는 것은 에너지이다.

② 공기 중에서 소리의 속력은 온도가 낮을수록 빠르다.

③ 전자기파는 매질이 없어도 전파되는 파동이다.

④ 소리는 매질의 진동 방향과 파동의 진행 방향이 나란한 종파이다.

3 그림과 같이 p-n 접합 다이오드 A와 B, 전구 A와 B를 이용하여 회로를 구성하였다. 이에 대한 설명으로 옳은 것은?

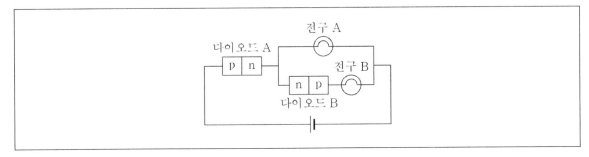

① 다이오드 B에는 순방향 전압이 걸린다.

② 전구 B는 불이 들어오고 전구 A에는 불이 들어오지 않는다.

③ 다이오드 A에는 양공이 왼쪽으로 전기력을 받아 p-n 접합면에서 멀어진다.

④ 전원의 극을 바꾸면 전구 A, B 모두 불이 들어오지 않는다.

4 그림은 실린더 속에 들어있는 이상기체의 상태를 A에서 B로 변화시켰을 때 A와 B에서의 압력과 부피를 나타낸 것이다. 이 과정에 대한 설명으로 옳은 것은?

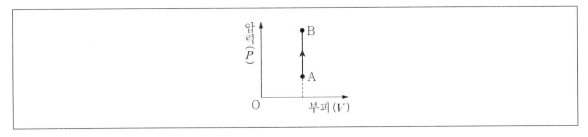

① 기체의 온도는 일정하다.

② 내부에너지가 증가한다.

③ 기체가 외부에 일을 한다.

④ 기체가 외부로 열에너지를 방출한다.

5 우라늄 $^{235}_{92}U$의 양성자수와 중성자수를 순서대로 옳게 나열한 것은?

① 92, 143

② 92, 235

③ 143, 235

④ 143, 327

6 다음은 질산 은(AgNO₃) 수용액에 철(Fe)판을 넣었을 때의 화학 반응식이다. 반응 후에 철판에는 은이 석출되었다. 이에 대한 설명으로 옳지 않은 것은? (단, 원자량은 Ag이 Fe보다 크다.)

$$aAgNO_3 + Fe \rightarrow bFe(NO_3)_2 + cAg$$
(단, a, b, c는 화학 반응식의 계수이다.)

① $a+b+c=5$이다.

② 철은 은보다 산화가 잘된다.

③ 수용액 속 이온의 총 수는 반응 전과 후가 같다.

④ 철판의 질량은 반응 후가 반응 전보다 크다.

7 다음은 기체 A와 B의 반응에 대한 자료이다. 이에 대한 설명으로 옳은 것을 〈보기〉에서 모두 고른 것은?

- 화학 반응식 : $2A(g)+B(g) \rightarrow 2C(g)$
- 일정한 질량의 B와 반응한 A의 질량에 따른 C의 질량

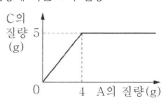

〈보기〉

㉠ A 4g과 모두 반응한 B의 질량은 1g이다.
㉡ 분자량은 A가 B의 2배이다.
㉢ A 10g과 B 5g이 반응하면 C 15g이 생성된다.

① ㉠, ㉡　　　　　　　　　　　② ㉠, ㉢

③ ㉡, ㉢　　　　　　　　　　　④ ㉠, ㉡, ㉢

8 다음은 이온 A⁺와 B⁻의 전자배치를 나타낸 것이다.

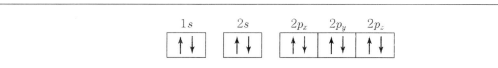

바닥 상태의 원자 A와 B에 대한 설명으로 옳은 것을 〈보기〉에서 모두 고르면? (단, A와 B는 임의의 원소 기호이다.)

㉠ A와 B는 같은 주기 원소이다.
㉡ 원자 반지름은 A가 B보다 크다.
㉢ p오비탈에 들어 있는 전자 수는 B가 A보다 많다.

① ㉡　　　　　　　　　　　　② ㉢

③ ㉠, ㉢　　　　　　　　　　　④ ㉡, ㉢

9 그림은 프로펜과 사이클로 헥세인의 구조식을 나타낸 것이다.

$$H-\overset{\overset{\displaystyle H}{|}}{\underset{\underset{\displaystyle H}{|}}{C}}-\overset{\overset{\displaystyle H}{|}}{C}=C\overset{\displaystyle H}{\underset{\displaystyle H}{}}$$

두 분자의 공통점에 대한 설명으로 옳은 것을 〈보기〉에서 모두 고른 것은?

〈보기〉

㉠ 실험식이 CH_2이다.

㉡ 탄소 사이의 결합 길이가 모두 같다.

㉢ 완전 연소시켰을 때 생성물이 CO_2와 H_2O이다.

① ㉠, ㉡ ② ㉠, ㉢
③ ㉡, ㉢ ④ ㉠, ㉡, ㉢

10 다음은 3가지 분자의 분자식이다.

$$BF_3 \quad CH_4 \quad NH_3$$

분자의 결합각 크기를 비교한 것으로 옳은 것은?

① $BF_3 > CH_4 > NH_3$

② $BF_3 > NH_3 > CH_4$

③ $CH_4 > NH_3 > BF_3$

④ $NH_3 > BF_3 > CH_4$

11 그림은 세포의 구조를 나타낸 것으로 A~D는 각각 핵, 중심립, 리보솜, 미토콘드리아 중 하나이다. 이에 대한 설명으로 옳은 것은?

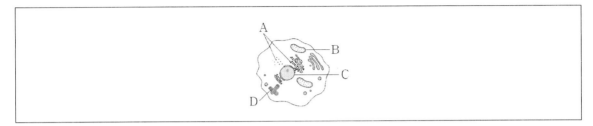

① A는 세포 활동에 필요한 에너지를 생산한다.

② C는 세포의 생명 활동을 통제하고 조절한다.

③ B는 빛에너지를 이용하여 포도당을 합성한다.

④ D는 여러 가지 가수 분해 효소가 들어 있어 세포 내 소화를 담당한다.

12 그림은 세포 호흡에 필요한 물질이 공급되는 과정과 조직 세포에서 일어나는 ATP의 합성과 분해를 나타낸 것이다. (가)~(다)는 각각 호흡계, 순환계, 소화계 중 하나이다. 이에 대한 설명으로 옳은 것은?

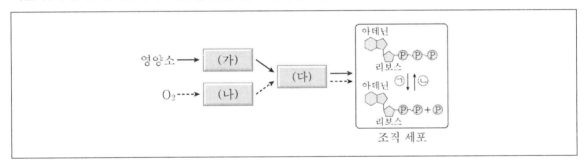

① (가)는 순환계이다.

② 혈액은 (다)를 구성하는 기관이다.

③ 미토콘드리아에서 ㉡ 반응이 일어난다.

④ 영양소의 에너지는 모두 ATP에 저장된다.

13 그림은 어떤 사람의 세포에 들어 있는 모양과 크기가 같은 한 쌍의 염색체를 나타낸 것이다. 이에 대한 설명으로 옳은 것은? (단, 돌연변이는 고려하지 않는다.)

① 세포의 핵상은 n이다.

② A와 B는 체세포 분열 시 2가 염색체를 형성한다.

③ A와 B의 대립 유전자 구성은 항상 서로 같다.

④ A와 B는 감수 분열 시 서로 다른 생식 세포로 나뉘어 들어간다.

14 다음은 어떤 집안의 유전병 ㉠에 대한 가계도와 자료이다. 이에 대한 설명으로 옳은 것은? (단, 돌연변이는 고려하지 않는다.)

- 유전병 ㉠은 정상 대립 유전자 T와 유전병 ㉠ 대립 유전자 T*에 의해 결정된다.
- 1과 2는 각각 ㉠에 대한 대립 유전자 T와 T* 중 한 종류만 가지고 있다.

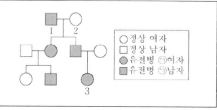

① ㉠은 우성 형질이다.

② ㉠ 대립 유전자는 X염색체에 있다.

③ 유전자형이 동형 접합인 가족 구성원은 4명이다.

④ 3의 동생이 태어날 때 이 동생에게서 ㉠이 나타날 확률은 100%이다.

15 그림은 식물 군집의 건성 천이 과정을 나타낸 것이다. 이에 대한 설명으로 옳은 것은?

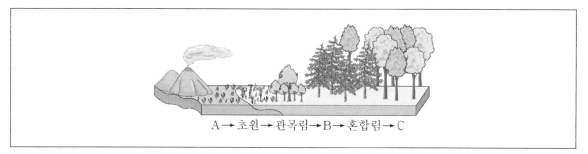

A → 초원 → 관목림 → B → 혼합림 → C

① 2차 천이의 개척자는 B이다.

② 잎의 평균 두께는 B보다 C가 크다.

③ A는 개척자로 균류와 조류의 공생체이다.

④ B에서 C로 천이되는 과정에서 온도가 가장 중요한 요인이다.

16 그림은 성숙한 토양의 단면을 나타낸 것이다. 이에 대한 설명으로 옳지 않은 것은?

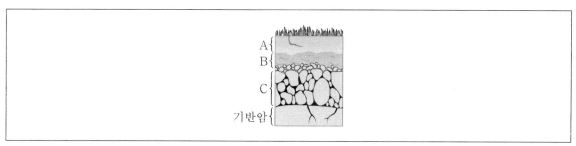

① 생물 활동이 가장 활발한 층은 A이다.

② B에는 점토질과 산화철 성분이 많이 포함되어 있다.

③ C는 주로 기반암에서 떨어져 나온 물질로 이루어진 층이다.

④ 생성 순서는 기반암 → C → B → A이다.

17 그림은 월별 우리나라에 영향을 미치는 기단을 나타낸 것이다. 이에 대한 설명으로 옳은 것은?

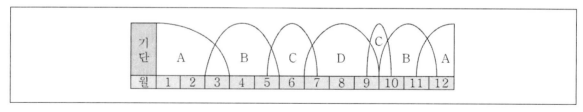

① A는 시베리아 기단이다.
② B는 고온 다습한 기단이다.
③ C는 대륙성 기단이다.
④ 장마 전선은 B와 D에 의해 형성된다.

18 다음은 대기 오염 사례를 나타낸 것이다. 이에 대한 설명으로 옳은 것은?

> 1952년에 영국 런던에서 안개와 ㉠ 이산화 황이 섞인 스모그가 짙게 발생하여 약 4,000명이 사망하고 10만여 명이 호흡기 질환을 겪었다.

① ㉠은 2차 오염 물질이다.
② ㉠은 광화학 스모그의 주요 원인 물질이다.
③ 역전층이 형성되면 위와 같은 스모그 현상이 더 심해진다.
④ 이러한 스모그는 겨울철보다 여름철에 잘 발생한다.

19 그림은 태양, 지구, 금성의 위치 관계를 나타낸 것이다. 이에 대한 설명으로 옳은 것은?

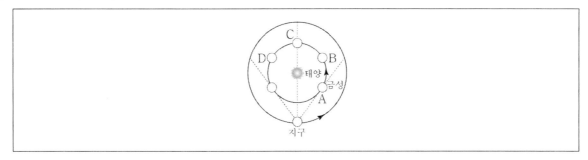

① A는 동방 최대 이각의 위치이다.

② B에 위치할 때 금성은 우리나라에서 초승달 모양으로 관측된다.

③ C에 위치할 때 금성은 역행한다.

④ D에 위치할 때 금성은 우리나라에서 초저녁에 관측된다.

20 그림은 태양계 행성을 지구형 행성과 목성형 행성으로 분류한 것이다. 이에 대한 설명으로 옳은 것은?

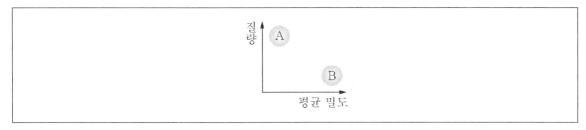

① A는 지구형 행성이다.

② B는 고리가 있다.

③ 천왕성은 B에 해당한다.

④ 자전 주기는 B가 A보다 길다.

1 그림 (가)는 폐포를, (나)는 폐포의 단면을 나타낸 것이다. ㉠과 ㉡은 각각 산소와 이산화탄소 중 하나이다. 이에 대한 설명으로 〈보기〉에서 옳은 것만을 모두 고른 것은?

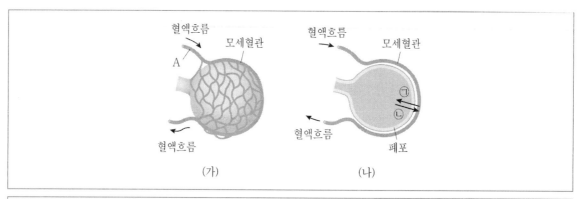

〈보기〉

㉠ A에는 동맥혈이 흐른다.
㉡ ㉠은 이산화탄소이다.
㉢ 폐포에서 기체가 교환될 때 에너지가 소모된다.

① ㉠

② ㉡

③ ㉢

④ ㉡, ㉢

2 개체군 내의 상호 작용이 아닌 것은?

① 텃세

② 포식과 피식

③ 순위제

④ 리더제

3 표는 바이러스와 세균에 대해 특성 (가)∼(라)의 유무를 나타낸 것이다. 이에 대한 설명으로 옳은 것은?

특성 종류	(가)	(나)	(다)	(라)
바이러스	×	×	○	○
세균	○	×	○	×

※ ○: 있음, ×: 없음

① '독립적으로 증식한다.'는 (가)에 해당한다.

② '유전물질이 있다.'는 (나)에 해당한다.

③ '세포막이 있다.'는 (다)에 해당한다.

④ '물질대사를 할 수 있다.'는 (라)에 해당한다.

4 표는 우리 몸의 방어 작용에 관여하는 세포 (가)와 (나)의 특성을 나타낸 것이다. (가)와 (나)는 각각 독성 T 림프구와 형질 세포 중 하나이다. 이에 대한 설명으로 옳은 것은?

세포	특성
(가)	항체를 생성한다.
(나)	세포성 면역 반응을 일으킨다.

① (가)는 기억 세포로 분화할 수 있다.

② (가)는 가슴샘에서 성숙한다.

③ (나)는 식균 작용을 한다.

④ (나)는 2차 방어 작용에 관여한다.

5 표는 유전자형이 AaBb인 식물 P를 자가 수분시켜 얻은 자손(F₁) 400개체의 표현형에 따른 개체 수를 나타낸 것이다. 대립 유전자 A, B는 대립 유전자 a, b에 대해 각각 완전 우성이다. 이에 대한 설명으로 옳지 않은 것은? (단, 돌연변이와 교차는 없다)

표현형	A_B_	A_bb	aaB_	aabb
개체 수	200	100	100	0

① P에서 A와 b가 연관되어 있다.

② P에서 꽃가루의 유전자형은 2가지이다.

③ F₁에서 표현형이 A_B_인 개체들의 유전자형은 2가지이다.

④ F₁에서 표현형이 A_bb인 개체와 aaB_인 개체를 교배하면 자손(F₂)들의 표현형은 1가지이다.

6 표준 모형을 구성하는 입자에 대한 설명으로 옳은 것은?

① 전자는 렙톤에 속한다.

② 중성미자는 음(−)전하를 띤다.

③ 뮤온은 약한 상호 작용을 매개하는 입자이다.

④ 위 쿼크와 아래 쿼크의 전하량은 크기가 같고 부호는 반대이다.

7 그림과 같이 서로 다른 물질 A와 B의 경계면을 향해 빛이 입사각 θ로 입사하여 일부는 반사되고 일부는 굴절되었다. 이에 대한 설명으로 〈보기〉에서 옳은 것만을 모두 고른 것은?

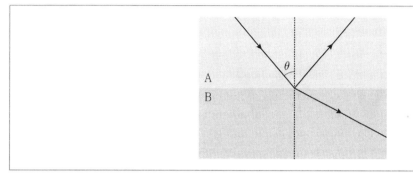

〈보기〉

ㄱ. θ가 임계각보다 커지면 굴절되는 빛이 사라진다.

ㄴ. 빛의 속도는 A에서가 B에서보다 더 크다.

ㄷ. A, B를 이용하여 광섬유를 제작한다면 A를 코어로, B를 클래딩으로 사용해야 한다.

① ㄱ

② ㄴ

③ ㄱ, ㄷ

④ ㄴ, ㄷ

8 고열원에서 열을 흡수하여 외부에 일을 하고 저열원으로 열을 방출하는 열기관이 있다. 이 열기관의 열효율이 40%이고 저열원으로 방출한 열이 600 J일 때 열기관이 외부에 한 일[J]은?

① 200

② 240

③ 360

④ 400

9 그림과 같이 직선상에 일정한 간격 d로 점전하 Q_1, Q_2와 두 지점 A, B가 있다. A에서 Q_1에 의한 전기장의 세기는 1 N/C이고, Q_1과 Q_2에 의한 전기장의 합은 0이다. B에서 Q_1과 Q_2에 의한 전기장의 합의 세기[N/C]는?

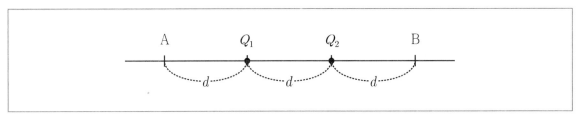

① $\dfrac{17}{4}$

② $\dfrac{15}{4}$

③ $\dfrac{5}{2}$

④ $\dfrac{3}{2}$

10 x축상에서 움직이는 물체가 $+x$ 방향으로 20 m/s의 속도로 등속도 운동하여 일정한 거리를 진행한 후, 곧이어 등가속도 운동하여 물체의 최종 속도가 $+x$ 방향으로 4 m/s가 되었다. 등속도 운동으로 진행한 거리와 등가속도 운동으로 진행한 거리가 같다면, 전체 운동 시간 동안 이 물체의 평균 속력[m/s]은?

① $8\sqrt{2}$

② 12

③ $10\sqrt{2}$

④ 15

11 표는 가시광 망원경 A와 B의 구경과 초점 거리를 나타낸 것이다. 망원경의 집광력비($\frac{A의\ 집광력}{B의\ 집광력}$)와 배율비($\frac{A의\ 배율}{B의\ 배율}$)를 옳게 짝지은 것은?

망원경		A	B
구경[mm]		200	50
초점 거리 [mm]	대물 렌즈	500	100
	접안 렌즈	50	20

집광력비   배율비

①   4   2

②   4   2.5

③ 16   2

④ 16   2.5

12 환경오염에 대한 설명으로 옳은 것은?

① 지표면에 기온의 역전층이 형성되면 지표면 대기의 오염 농도가 낮아진다.

② 물에 축산 폐수량이 증가할수록 용존 산소량(DO)이 감소한다.

③ 토양의 오염은 수질이나 대기의 오염에 비해 정화되는 속도가 빠르다.

④ 광화학 스모그를 일으키는 주된 물질은 이산화탄소이다.

13 그림은 북반구 대기 대순환 모형을 나타낸 것이다. 이에 대한 설명으로 〈보기〉에서 옳은 것만을 모두 고른 것은?

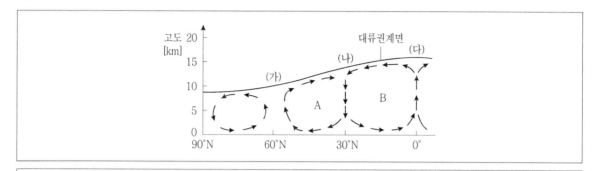

〈보기〉

㉠ A 순환은 직접 순환이다.

㉡ B 순환의 명칭은 해들리 순환이다.

㉢ (나)의 지상에서는 강수량이 증발량보다 많다.

① ㉠

② ㉡

③ ㉠, ㉢

④ ㉡, ㉢

14 그림 (가)와 (나)는 북반구의 온대 저기압에서 발생한 두 전선을 나타낸 모식도이다. 이에 대한 설명으로 옳은 것은?

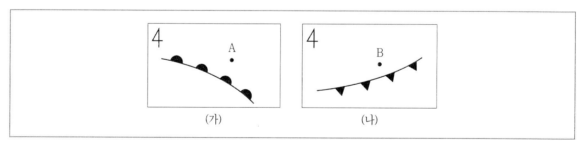

① (가)에서는 층운형 구름, (나)에서는 적운형 구름이 형성된다.

② 전선의 이동 속도는 (가)가 (나)보다 빠르다.

③ A 지역에서는 북풍 계열의 바람이 분다.

④ B 지역에서는 날씨가 맑다.

15 그림은 달의 공전궤도와 상대적 위치 A, B, C를 나타낸 모식도이다. 우리나라에서 관측한 현상에 대한 설명으로 옳은 것은?

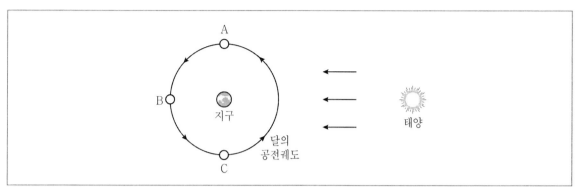

① A의 달은 상현달로 다음 날에는 뜨는 시각이 빨라진다.

② B의 달은 하짓날보다 동짓날의 남중 고도가 낮다.

③ 개기 일식이 관측된다면 달은 B에 위치할 것이다.

④ C의 달은 오전 9시경 남서쪽 하늘에 떠있다.

16 2주기 원소인 A와 B의 원자 반지름에 대한 이온 반지름의 비($\frac{이온\ 반지름}{원자\ 반지름}$)가 A는 1.0보다 작고 B는 1.0보다 클 때, 이에 대한 설명으로 옳지 않은 것은? (단, A와 B는 임의의 원소 기호이며 1족과 17족 원소 중 하나이다)

① 전기 음성도는 A가 B보다 작다.

② 이온화 에너지는 A가 B보다 작다.

③ B_2분자에는 비공유 전자쌍이 없다.

④ B는 이온이 될 때 전자를 얻는다.

17 그림은 어떤 염산(HCl) 수용액과 수산화나트륨(NaOH) 수용액을 다양한 부피비로 섞은 용액의 최고 온도를 나타낸 것이다. 이에 대한 설명으로 옳은 것은? (단, 열손실은 없다고 가정한다)

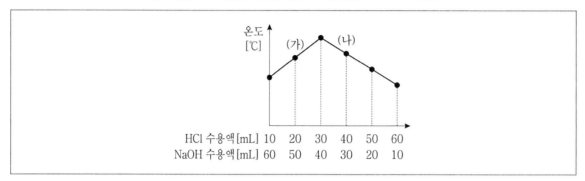

① (가) 용액에 페놀프탈레인 용액을 가하면 색이 변하지 않는다.

② (나) 용액의 pH는 7보다 작다.

③ (가)와 (나)의 용액을 섞은 혼합 용액은 산성이다.

④ HCl 수용액과 NaOH 수용액의 단위 부피당 전체 이온 수의 비는 3 : 4이다.

18 표는 원소 A ~ F의 이온들에 대한 전자배치를 나타낸 것이다. 이에 대한 설명으로 옳은 것은? (단, A ~ F는 임의의 원소 기호이다)

이온	전자배치
A^-, B^{2-}, C^+, D^{2+}	$1s^2 2s^2 2p^6$
E^-, F^+	$1s^2 2s^2 2p^6 3s^2 3p^6$

① 3주기 원소는 3가지이다.

② A와 E는 금속 원소이다.

③ 원자 반지름은 C가 D보다 작다.

④ 화합물 CA의 녹는점은 DB보다 높다.

19 표는 탄화수소 (가)와 (나)에 대한 자료이다. 이에 대한 설명으로 옳지 않은 것은?

탄화수소	분자식	H원자 2개와 결합한 C원자 수
(가)	C_3H_6	1
(나)	C_4H_8	4

① (가)는 사슬 모양이다.

② (나)는 고리 모양이다.

③ (나)에서 H원자 3개와 결합한 C원자 수는 1이다.

④ (가)와 (나) 중 포화 탄화수소는 1가지이다.

20 그림은 탄화수소 X, Y를 각각 완전 연소시켰을 때, 반응한 X, Y의 질량 변화에 따라 생성된 H_2O의 질량을 나타낸 것이다. 이에 대한 설명으로 옳은 것은? (단, 수소, 탄소, 산소의 원자량은 각각 1, 12, 16이다)

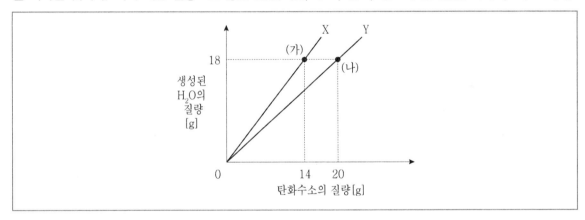

① X의 실험식은 CH_3이다.

② X와 Y의 실험식량의 비는 7 : 10이다.

③ X가 Y보다 탄소의 질량 백분율이 크다.

④ (가)와 (나)에서 생성된 이산화탄소(CO_2)의 질량비는 2 : 3이다.

2018. 5. 19. | 제1회 지방직 시행

☞ 정답 및 해설 P.27

1 그림은 생태계에서 일어나는 질소 순환 과정 중 일부를 나타낸 것이다. 물질 A는 이온 형태이며, (다) 과정에는 뿌리혹박테리아가 관여한다. 이에 대한 설명으로 옳지 않은 것은?

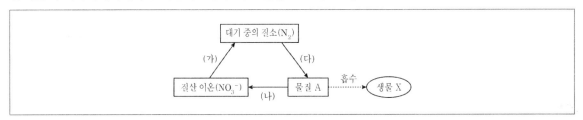

① 물질 A는 암모늄 이온(NH_4^+)이다.

② 물질 A를 흡수하는 생물 X에는 식물이 포함된다.

③ (가) 과정은 세균에 의해 일어난다.

④ (나) 과정은 질소 동화 작용이다.

2 다음은 어느 생명과학자가 수행한 탐구 과정의 일부를 순서대로 나타낸 것이다. 이 탐구 과정에서 조작변인으로 가장 적절한 것은? (단, 제시된 탐구과정 이외는 고려하지 않는다)

- 세균을 배양 중인 접시에 우연히 푸른곰팡이가 자란 것을 관찰하다가 푸른곰팡이 주변에는 세균이 증식하지 못한 것을 발견하였다.
- '푸른곰팡이가 만든 물질이 세균을 증식하지 못하게 하였을 것이다'라고 생각하였다.
- 모든 조건이 동일한 세균 배양 접시 A와 B를 준비한 후, A에는 푸른곰팡이 배양액을 넣고 B에는 푸른곰팡이 배양액을 넣지 않았다.
- A에서는 세균이 증식하지 못하고 B에서는 세균이 증식한 것을 확인하였다.

① 푸른곰팡이가 자란 곳 주변에는 세균이 증식하지 못한 현상

② 모든 조건이 동일한 세균 배양 접시 A와 B의 준비

③ A와 B에 푸른곰팡이 배양액의 첨가 여부

④ B에서만 세균이 증식한 현상

3 그림은 항원 X, Y에 노출되지 않았던 쥐의 체내에 항원 X, Y를 감염시켰을 때, 시간에 따른 항체 A와 B의 농도 변화를 나타낸 것이다. 이에 대한 설명으로 〈보기〉에서 옳은 것만을 모두 고르면? (단, X, Y 이외의 항원은 고려하지 않는다)

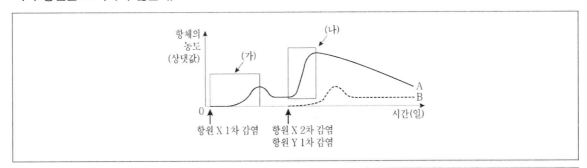

〈보기〉

㉠ A는 항원 X에 대한 항체이다.
㉡ (가)보다 (나)에서 항체의 농도가 빠르게 증가하는 것은 항원 X에 대한 기억세포가 존재하기 때문이다.
㉢ 항원 Y의 1차 감염 시점에 쥐의 체내에는 항원 Y에 대한 기억세포가 존재한다.

① ㉠, ㉡   ② ㉠, ㉢
③ ㉡, ㉢   ④ ㉠, ㉡, ㉢

4 그림은 시냅스에서 흥분이 전달되는 과정을 나타낸 것이다. 이에 대한 설명으로 옳지 않은 것은?

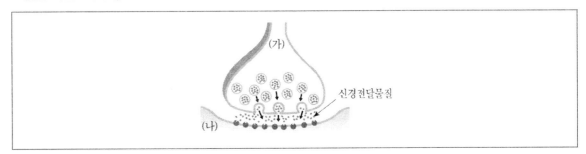

① 신경전달물질은 가지 돌기 말단에서 분비된다.
② 신경전달물질은 (나)의 탈분극에 관여한다.
③ 시냅스에서 흥분은 (가)에서 (나)의 방향으로 전달된다.
④ 시냅스에서 흥분의 전달은 뉴런에서 흥분의 전도보다 속도가 느리다.

5 그림은 핵상이 2n인 어떤 동물세포의 감수 분열이 일어날 때, 세포 1개당 DNA 양의 상대적인 변화를 나타낸 것이다. 이에 대한 설명으로 옳은 것은? (단, 돌연변이는 고려하지 않는다)

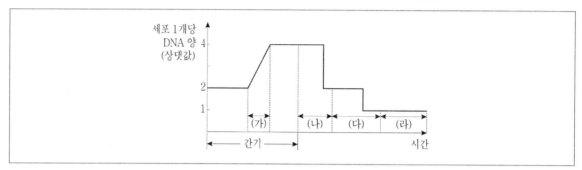

① (가) 시기에는 2가 염색체가 관찰된다.

② (나) 시기에는 상동 염색체가 분리된다.

③ (다) 시기에는 핵상이 2n에서 n으로 변한다.

④ (라) 시기에는 DNA의 복제가 일어난다.

6 아인슈타인의 특수 상대성 이론으로 설명할 수 없는 현상만 나열한 것은?

① 중력파, 질량·에너지 동등성

② 길이 수축, 중력에 의한 시간 팽창

③ 중력 렌즈, 블랙홀

④ 수성의 세차 운동, 질량·에너지 동등성

7 그림 (가), (나)는 길이와 굵기가 같은 두 종류의 관을 나타낸 것으로 (가)는 한쪽 끝만 열려 있고 (나)는 양쪽 끝이 열려 있다. (가), (나)의 관 내부의 공기를 진동시키고 공명 현상을 이용하여 일정한 진동수의 음을 발생시킨다. (가)에서 발생하는 음의 최소 진동수가 f일 때, (나)에서 발생하는 음의 최소 진동수는? (단, 공기의 온도는 일정하다)

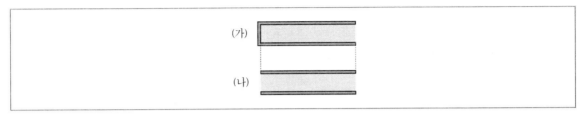

① $\dfrac{f}{4}$　　　　　　　　　　　　　　　② $\dfrac{f}{2}$

③ $2f$　　　　　　　　　　　　　　　　　④ $4f$

8 그림과 같이 $+y$ 방향으로 세기가 일정한 전류 I가 흐르는 직선 도선 P가 y축에 고정되어 있고, $x = 3d$에 직선 도선 Q가 P와 나란히 고정되어 있다. x축 상의 점 $x = 2d$에서 자기장의 세기가 0이 되기 위하여 Q에 흐르는 전류의 세기와 방향은? (단, 두 도선은 가늘고 무한히 길다)

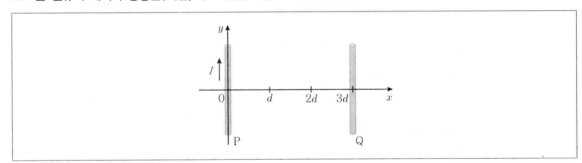

① $\dfrac{1}{4}I,\ +y$　　　　　　　　　　　② $\dfrac{1}{2}I,\ +y$

③ $\dfrac{1}{4}I,\ -y$　　　　　　　　　　　④ $\dfrac{1}{2}I,\ -y$

9 그림은 열효율이 0.25인 카르노 열기관이 절대 온도 T_1의 고열원에서 Q_1의 열을 흡수하여 W의 일을 하고 절대 온도 T_2의 저열원으로 Q_2의 열을 방출하는 것을 나타낸 것이다. $Q_2 = 6Q$, $T_1 = 8T$일 때, Q_1과 T_2의 값은?

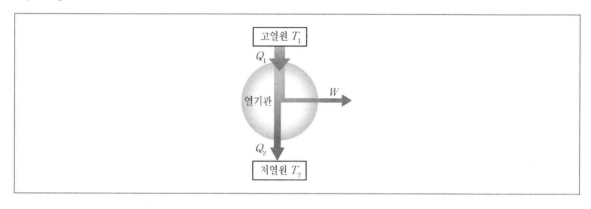

	Q_1	T_2			Q_1	T_2
①	$8Q$	$6T$		③	$8Q$	$4T$
②	$10Q$	$6T$		④	$10Q$	$4T$

10 그림 (가)는 마찰이 없는 수평면에서 운동 중인 질량이 4kg인 물체에 일정한 크기의 힘 F가 운동 방향으로 작용하여 물체가 10m를 이동한 것을 나타낸 것이다. 그림 (나)는 (가)의 물체에 F가 작용한 순간부터 물체의 운동 에너지를 이동 거리에 따라 나타낸 것이다. 이에 대한 설명으로 옳지 않은 것은?

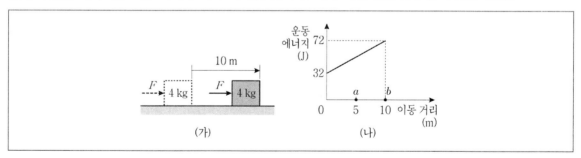

① F가 작용하기 직전 물체의 속력은 4m/s이다.

② a에서 물체의 가속도 크기는 1m/s^{2}이다.

③ F의 크기는 4N이다.

④ a에서 b까지 물체의 이동 시간은 2초이다.

11 그림은 우리나라의 최근 30년과 10년 동안의 월 평균 황사 발생 일수를 비교하여 나타낸 것이다. 이에 대한 설명으로 〈보기〉에서 옳은 것만을 모두 고르면?

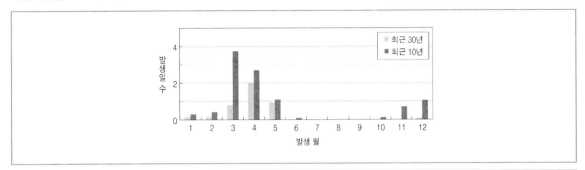

〈보기〉

㉠ 최근 10년 동안 몽골과 중국의 사막화 현상이 심화되었다.
㉡ 봄철에 황사가 심한 이유는 북태평양 기단의 활성화 때문이다.
㉢ 여름철의 황사 발생 일수가 적은 것은 강수량의 증가 때문이다.

① ㉠

② ㉡

③ ㉠, ㉢

④ ㉡, ㉢

12 다음은 태양에서 나타나는 현상 (가)~(다)를 촬영한 것이다. 이에 대한 설명으로 〈보기〉에서 옳은 것만을 모두 고르면?

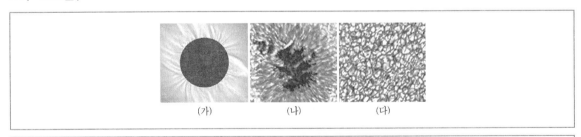

(가)　　　　(나)　　　　(다)

〈보기〉

㉠ (가)는 개기 일식 때 관측할 수 있다.
㉡ (나)의 이동을 이용하면 태양의 자전 주기를 구할 수 있다.
㉢ (다)는 태양의 대기층인 채층에서 나타나는 현상이다.

① ㉠, ㉡

② ㉠, ㉢

③ ㉡, ㉢

④ ㉠, ㉡, ㉢

13 그림은 북반구 태평양에서 대기와 표층 해수의 순환을 모식적으로 나타낸 것이다. 이에 대한 설명으로 〈보기〉에서 옳은 것만을 모두 고르면?

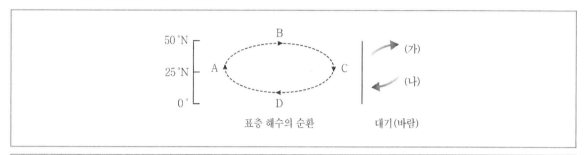

〈보기〉

ㄱ. A는 C보다 수온이 낮다.
ㄴ. (가)는 편서풍이고, (나)는 무역풍이다.
ㄷ. B는 북태평양 해류이고, D는 북적도 해류이다.

① ㄱ

② ㄴ

③ ㄱ, ㄷ

④ ㄴ, ㄷ

14 그림은 남반구 동태평양 적도 부근 해역의 평균 해수면 온도에 대한 편차이고, A와 B는 각각 엘니뇨 시기와 라니냐 시기 중 하나를 나타낸 것이다. 이에 대한 설명으로 옳지 않은 것은?

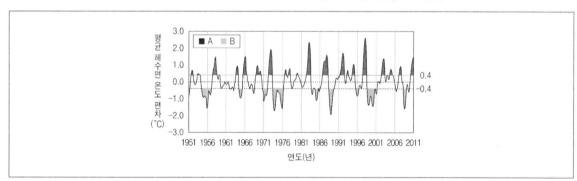

① A는 엘니뇨 시기이고, B는 라니냐 시기이다.

② A보다 B에서 동태평양 해수의 용승이 약화된다.

③ A보다 B에서 무역풍의 세기가 강하다.

④ A보다 B에서 동태평양의 따뜻한 해수층 두께가 얇다.

15 그림 (가)와 (나)는 판의 경계를 나타낸 모식도이다. 이에 대한 설명으로 옳은 것은?

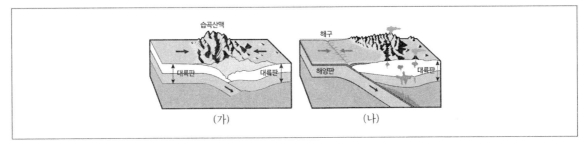

(가)　　　　　　　　(나)

① 안데스 산맥은 (가)에, 히말라야 산맥은 (나)에 해당한다.

② 화산 활동은 (나)보다 (가)에서 활발하다.

③ (가)는 발산형 경계이고, (나)는 수렴형 경계이다.

④ (나)에서는 해구에서 대륙판 쪽으로 갈수록 진원의 깊이가 깊어진다.

16 그림 (가)～(다)에 해당하는 원자 모형에 대한 설명으로 옳은 것은?

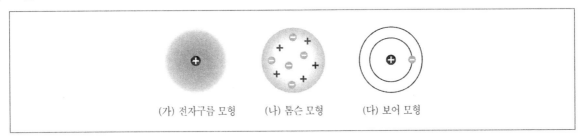

(가) 전자구름 모형　　　(나) 톰슨 모형　　　(다) 보어 모형

① (가)에서 전자는 원형 궤도를 따라 운동한다.

② (나)에서 원자의 중심에는 원자핵이 존재한다.

③ (다)에서 전자의 에너지 준위는 연속적인 값을 갖는다.

④ (가)～(다) 중 가장 먼저 제안된 모형은 (나)이다.

17 다음 질산(HNO_3) 수용액과 수산화 바륨($Ba(OH)_2$) 수용액의 화학 반응식에 대한 설명으로 옳지 않은 것은?

$$2HNO_3(aq) + Ba(OH)_2(aq)$$
$$\rightarrow Ba(NO_3)_2(aq) + 2H_2O(l)$$

① 중화 반응이다.

② 반응한 H^+의 몰수와 생성된 H_2O의 몰수는 같다.

③ 구경꾼 이온은 바륨 이온(Ba^{2+})과 수산화 이온(OH^-)이다.

④ 반응 전후에 원자의 산화수는 변하지 않는다.

18 〈보기〉에 제시된 기체 분자에 대한 설명으로 옳은 것은? (단, ONF에서 중심 원자는 N이다)

〈보기〉
N_2, NO, NO_2, ONF

① NO의 모든 원자는 옥텟 규칙을 만족한다.

② ONF에서 질소(N) 원자의 산화수는 +3이다.

③ ONF의 분자 구조는 직선형이다.

④ 〈보기〉의 분자에서 질소(N) 원자의 가장 큰 산화수와 가장 작은 산화수의 차이는 5이다.

19 다음 이산화 황(SO_2)과 관련된 화학 반응식에 대한 설명으로 옳은 것은?

> (가) $SO_2(g) + 2H_2S(g) \rightarrow 2H_2O(l) + 3S(s)$
>
> (나) $SO_2(g) + 2H_2O(l) + Cl_2(g) \rightarrow H_2SO_4(aq) + 2HCl(aq)$

① (가)와 (나)에서 SO_2에 포함된 황(S) 원자의 산화수는 두 경우 모두 반응 후에 감소한다.

② (가)에서 H_2S는 산화제이다.

③ (나)에서 Cl_2는 산화된다.

④ (가)와 (나)에서 황(S) 원자의 가장 큰 산화수는 +6이다.

20 다음 중 입자 수가 가장 많은 것은? (단, 0℃, 1기압에서 기체 1몰(mol)의 부피는 22.4L이다. 각 원자의 원자량은 H : 1, C : 12, N : 14, O : 16, Na : 23, Cl : 35.5이다)

① 물(H_2O) 18 g에 들어 있는 물 분자 수

② 암모니아(NH_3) 17 g에 들어 있는 수소 원자 수

③ 염화 나트륨(NaCl) 58.5 g에 들어 있는 전체 이온 수

④ 0℃, 1기압에서 이산화 탄소(CO_2) 기체 44.8 L에 들어 있는 이산화탄소 분자 수

1 〈보기〉는 지구계가 형성되는 과정의 일부를 순서 없이 나열한 것이다. ㉠~㉣을 오래된 것부터 시간 순으로 가장 옳게 나열한 것은?

〈보기〉

㉠ 오존층 형성   ㉡ 원시 바다 형성
㉢ 최초의 생명체 탄생   ㉣ 최초의 육상 생물 출현

① ㉠ – ㉡ – ㉢ – ㉣   ② ㉡ – ㉢ – ㉠ – ㉣
③ ㉢ – ㉣ – ㉡ – ㉠   ④ ㉣ – ㉠ – ㉡ – ㉢

2 〈보기〉는 생물의 구성 단계를 나타낸 것으로, (개)와 (내)는 각각 동물과 식물 중 하나이다. 이에 대한 설명으로 가장 옳지 않은 것은?

〈보기〉

(개) 세포 → 조직 → 기관 → A → 개체
(내) 세포 → B → 조직계 → C → 개체

① A는 기관계이다.

② (개)는 동물, (내)는 식물이다.

③ 상피 조직은 B에 해당한다.

④ C는 영양 기관과 생식 기관으로 구분된다.

3 〈보기〉는 임의의 원소 A~D의 중성원자 혹은 이온의 전자 배치를 나타낸 것이다. 이에 대한 설명으로 가장 옳지 않은 것은?

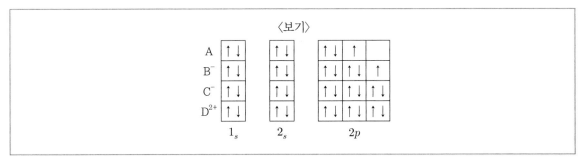

〈보기〉

① 이온반지름은 $C^- > D^{2+}$이다.

② A의 전자배치는 훈트규칙을 만족하지 못한다.

③ A~D의 중성원자 중 양성자 수가 가장 많은 원자는 D이다.

④ B^-이온은 옥텟규칙을 만족하는 안정한 이온이다.

4 〈보기〉는 어떤 동물(2n=4)의 분열 중인 세포를 나타낸 것으로 (가)와 (나)는 체세포 분열, 감수 1분열, 감수 2분열 중 한 단계이다. 이에 대한 설명으로 가장 옳지 않은 것은?

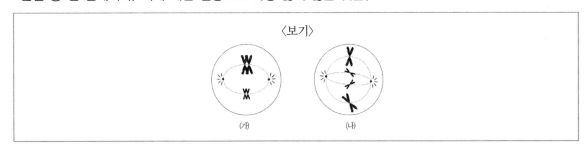

〈보기〉

① (가)는 감수 1분열에 해당한다.

② (나)를 통해 생물의 생장이 일어난다.

③ (가)와 (나)의 세포 하나당 DNA의 양은 같다.

④ (가)와 (나)의 결과 생성된 세포의 핵상은 같다.

5 〈보기〉는 어떤 집안의 ABO식 혈액형과 귓불 유전 가계도를 나타낸 것이다. 이에 대한 설명으로 가장 옳은 것은? (단, 혈액형과 귓불 유전자는 서로 다른 염색체에 존재한다.)

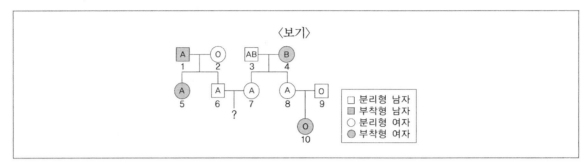

① 분리형 귓불이 부착형 귓불에 대해 열성이다.

② 5의 혈액형 유전자는 동형접합이다.

③ 3의 부착형 귓불 유전자 보유 여부를 판단할 수 있다.

④ 6과 7의 혈액형에 관한 유전자형은 같다.

6 〈보기 1〉은 고정되어 있는 두 점전하 A, B 주위의 전기력선을 나타낸 것이다. 이에 대한 설명으로 옳은 것을 〈보기 2〉에서 모두 고른 것은?

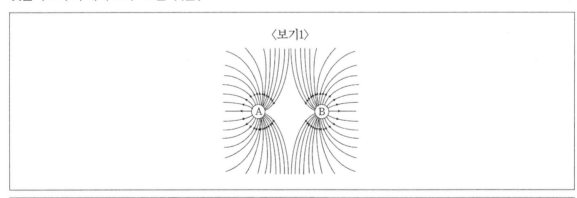

〈보기2〉

㉠ A는 양(+)전하이다.

㉡ A와 B의 전하량은 같다.

㉢ A와 B 사이에 전기적 인력이 작용한다.

① ㉠ 　　　　　　　　　　② ㉢

③ ㉠, ㉡ 　　　　　　　　④ ㉡, ㉢

7 〈보기 1〉은 X와 Y로 이루어진 화합물 A, B에 대한 설명이다. 이에 대한 설명으로 옳은 것을 〈보기 2〉에서 모두 고른 것은? (단, X, Y는 임의의 원소 기호이다.)

〈보기1〉

- A와 B의 분자당 구성 원자 수는 각각 2, 3이다.
- 같은 질량에 들어 있는 원소 Y의 질량비는 A : B = 11 : 14이다.

〈보기2〉

㉠ A는 2원자 화합물이다.
㉡ B는 X_2Y이다.
㉢ 1g당 원소 X의 질량은 A가 B의 2배이다.

---

① ㉠   ② ㉢

③ ㉠, ㉢   ④ ㉡, ㉢

8 〈보기 1〉과 같이 점전하 B를 x축 위에 고정된 점전하 A, C로부터 거리가 각각 r, $2r$인 지점에 놓았더니 B가 정지해 있었다. 이에 대한 설명으로 옳은 것을 〈보기 2〉에서 모두 고른 것은?

〈보기1〉

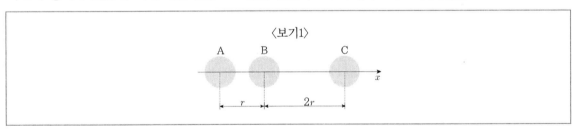

〈보기2〉

㉠ A와 C의 전하의 종류는 같다.
㉡ 대전된 전하량은 A가 C보다 크다.
㉢ A와 B 사이에 서로 당기는 힘이 작용하면 B와 C 사이에도 서로 당기는 힘이 작용한다.

---

① ㉠, ㉡   ② ㉠, ㉢

③ ㉡, ㉢   ④ ㉠, ㉡, ㉢

9 〈보기〉의 ㉠, ㉡, ㉢은 여러 가지 풍화 작용의 예를 나타낸 것이다. ㉠, ㉡, ㉢을 기계적 풍화 작용과 화학적 풍화 작용으로 가장 옳게 구분한 것은?

〈보기〉

㉠ 정장석이 풍화되어 고령토가 생성된다.
㉡ 물의 동결 작용으로 테일러스가 형성된다.
㉢ 석회암 지대에서 석회 동굴이 형성된다.

	기계적 풍화 작용	화학적 풍화 작용
①	㉠	㉡, ㉢
②	㉡	㉠, ㉢
③	㉠, ㉡	㉢
④	㉠, ㉢	㉡

10 〈보기〉는 임의의 2주기 원소 X~Z의 루이스 전자점식을 나타낸 것이다. 이에 대한 설명으로 가장 옳지 않은 것은?

〈보기〉

$$\cdot \overset{\cdot}{X} \cdot \quad \cdot \overset{\cdot \cdot}{Y} \cdot \quad \cdot \overset{\cdot \cdot}{Z} :$$

① YH_4^+ 이온은 정사면체 구조이다.

② Y_2와 Z_2는 각각 삼중결합, 단일결합으로 이루어져 있다.

③ XZ_3와 YZ_3 중 분자의 쌍극자모멘트 합이 0인 것은 XZ_3이다.

④ 수소화합물 XH_3 분자는 무극성 공유결합으로 이루어진 무극성분자이다.

11 〈보기〉의 ㈎와 ㈏는 온대 저기압에서 볼 수 있는 두 전선을 나타낸 것이다. 이에 대한 설명으로 가장 옳은 것은?

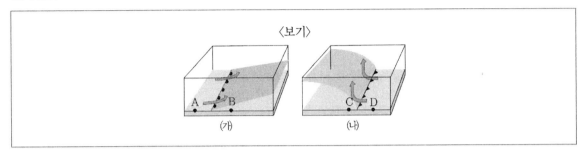

〈보기〉

㈎　㈏

① ㈎에서 두 지점의 온도는 A < B이다.

② 강수 현상이 나타나는 곳은 A, D 지점이다.

③ ㈏의 전선은 뇌우를 동반하는 경우가 많다.

④ 햇무리나 달무리를 볼 수 있는 것은 ㈏이다.

12 〈보기〉와 같이 기울기가 일정하고 마찰이 없는 경사면에서 시간 $t = 0$일 때 점 p에 물체 A를 가만히 놓는 순간, 물체 B가 v의 속력으로 경사면의 점 q를 통과하였다. 동일한 직선 경로를 따라 운동하는 A, B는 각각 L_A, L_B만큼 이동하여 t_0초 후 같은 속력으로 충돌하였다. 이때 $L_A : L_B$는?

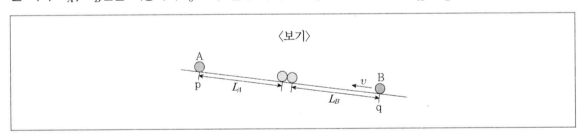

〈보기〉

① 1 : 1

② 1 : 2

③ 1 : 3

④ 2 : 3

13 〈보기〉는 빛을 에너지의 근원으로 하여 유지되는 어떤 초원 생태계에서 A~D의 에너지양을 상댓값으로 나타낸 것이다. 이에 대한 설명으로 가장 옳지 않은 것은? (단, A~D는 각각 1차 소비자, 2차 소비자, 3차 소비자, 생산자 중 하나이며, 상위 영양 단계로 갈수록 에너지양은 감소한다.)

〈보기〉

구분	에너지양(상댓값)
A	3
B	100
C	1000
D	15

① 초식동물은 B에 해당한다.

② 에너지 효율은 A가 B의 2배이다.

③ 2차 소비자의 에너지 효율은 20%이다.

④ C는 무기물로부터 유기물을 합성한다.

14 〈보기〉는 사람의 6가지 질병을 A~C로 분류하여 나타낸 것이다. 이에 대한 설명으로 가장 옳은 것은?

〈보기〉

구분	질병
A	고혈압, 당뇨병
B	결핵, 파상풍
C	AIDS, 독감

① A의 질병은 다른 사람에게 전염된다.

② B의 병원체는 스스로 물질대사를 할 수 없다.

③ B와 C의 병원체는 핵산을 가지고 있다.

④ C의 병원체를 제거하는 데에 일반적으로 항생제가 사용된다.

15 〈보기〉는 오른쪽으로 진행하는 파장이 4cm인 파동의 한 점의 변위를 시간에 따라 나타낸 것이다. 이 파동에 대한 설명으로 가장 옳은 것은?

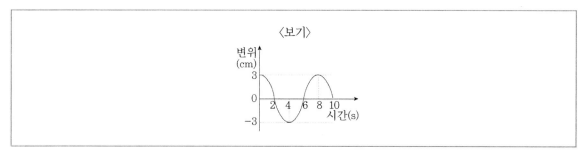

① 진행 속력은 0.5cm/s이다.　　　　② 진동수는 1Hz이다.

③ 진폭은 6cm이다.　　　　　　　　④ 주기는 4초이다.

16 〈보기 1〉은 물체 A와 물체 B가 실로 연결된 채 정지한 상태에서 운동을 시작하여 경사면을 따라 등가속도 운동을 하는 모습을 나타낸 것이다. A, B의 질량은 각각 3m, 2m이다. A가 P에서 Q까지 이동하는 동안, 나타나는 현상에 대한 설명으로 옳은 것을 〈보기 2〉에서 모두 고른 것은? (단, 실의 질량과 모든 마찰은 무시한다.)

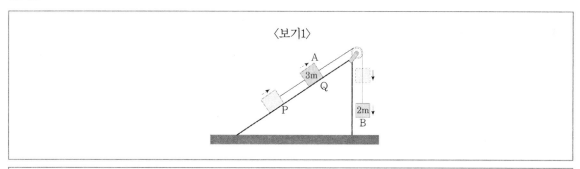

〈보기2〉

　㉠ A의 운동 에너지는 증가한다.

　㉡ B의 역학적 에너지는 일정하다.

　㉢ B에 작용하는 중력이 한 일은 B의 운동 에너지 증가량과 같다.

① ㉠　　　　　　　　　　　　　② ㉢

③ ㉠, ㉡　　　　　　　　　　　④ ㉡, ㉢

17 ⟨보기⟩의 (가)~(다)는 DNA를 구성하는 구성요소의 구조식이다. 이에 대한 설명으로 가장 옳은 것은?

⟨보기⟩

(가)   (나)   (다)

① (가)~(다)는 모두 아레니우스 염기이다.

② (가)의 중심원자는 옥텟규칙을 만족한다.

③ (나)의 모든 탄소원자는 사면체 구조를 한다.

④ DNA구조에서 (다)는 다른 종류의 염기와 공유결합으로 연결된다.

18 ⟨보기 1⟩은 3가지 산-염기 반응의 화학 반응식이다. 이에 대한 설명으로 옳은 것을 ⟨보기 2⟩에서 모두 고른 것은?

⟨보기1⟩

(가) $HF(aq) + HCO_3^-(aq) \rightarrow H_2CO_3(aq) + F^-(aq)$

(나) $CH_3COOH(aq) + H_2O(l) \rightarrow H_3O^+(aq) + CH_3COO^-(aq)$

(다) $NH_3(aq) + H_2O(l) \rightarrow NH_4^+(aq) + OH^-(aq)$

⟨보기2⟩

㉠ (나)의 $H_2O(l)$는 브뢴스테드-로우리 염기이다.

㉡ (가)의 $HF(aq)$는 브뢴스테드-로우리 산이다.

㉢ (다)의 $NH_3(aq)$는 아레니우스 염기이다.

① ㉡

② ㉠, ㉡

③ ㉠, ㉢

④ ㉠, ㉡, ㉢

19 〈보기〉는 물속에 완전히 잠긴 채 정지해 있는 직육면체 모양의 물체를 나타낸 것이다. 이 물체에 가해지는 압력의 방향 및 크기를 화살표로 가장 옳게 나타낸 것은?

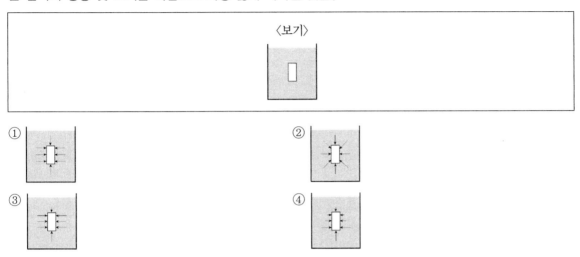

20 〈보기〉는 어떤 식물에서 세균 X와 Y가 냉해 발생에 미치는 영향을 알아보기 위한 실험이다. 이 실험에 대한 설명으로 가장 옳은 것은?

〈보기〉

[실험과정 및 결과]

※ −4℃인 환경에서 식물의 잎에 세균 X와 Y의 처리 조건을 다르게 하여 냉해 발생 여부를 조사하였다.

실험	세균 처리 조건	냉해 발생 여부
Ⅰ	감염 없음	발생 안 함
Ⅱ	X 감염	발생함
Ⅲ	Y 감염	발생 안 함
Ⅳ	X와 Y의 감염	발생 안 함

① 세균 X에 의한 냉해 발생이 세균 Y에 의해 억제됨을 알 수 있다.

② 귀납적 탐구방법에 해당된다.

③ 온도는 종속변인에 해당된다.

④ 실험 Ⅰ은 생략해도 된다.

1 생물 다양성을 감소시키는 원인이 아닌 것은?

① 환경오염

② 생태통로 설치

③ 불법 포획과 남획

④ 서식지 파괴와 고립화

2 그림의 (가)는 동물의 구성 단계를, (나)는 식물의 구성 단계를 나타낸 것이다. 이에 대한 설명으로 옳은 것은?

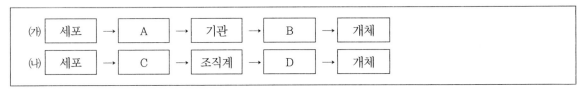

① 소포체와 골지체는 A에 해당한다.

② 호르몬을 분비하는 뇌하수체는 B에 해당한다.

③ 식물의 표피세포는 C에 해당한다.

④ 꽃과 열매는 D에 해당한다.

3 다음은 세포 내에서 일어나는 화학반응의 일부를 나타낸 것이다. 이에 대한 설명으로 옳은 것은?

포도당 + 산소 → 이산화탄소 + 물 + 에너지(ATP + 열)

① 이화 작용의 대표적인 사례이다.
② 엽록체에서 일어나는 광합성이다.
③ 빛에너지를 화학에너지로 전환하는 반응이다.
④ 작은 분자들을 큰 분자로 합성하는 반응이다.

4 다음은 여러 가지 질병을 (가)와 (나)로 구분하여 나타낸 것이다. 이에 대한 설명으로 옳지 않은 것은?

(가)	(나)
소아마비, 수두, 홍역	탄저병, 파상풍, 폐결핵

① (가)와 (나) 질병은 모두 감염성 질병이다.
② (가) 질병의 병원체는 스스로 물질대사를 할 수 없다.
③ (가) 질병은 세균의 감염에 의해 발생하는 질병이다.
④ (나) 질병에 대한 방어 과정에서 비특이적 면역이 작용한다.

5 표는 서로 다른 동물 A와 B의 체세포 1개에 들어 있는 염색체 수를, 그림은 세포 (가)와 (나) 각각에 들어 있는 모든 염색체를 나타낸 것이다. (가)와 (나)는 각각 동물 A와 B의 세포 중 하나이다. 이에 대한 설명으로 옳지 않은 것은? (단, 돌연변이는 고려하지 않는다)

동물	염색체 수
A	4
B	8

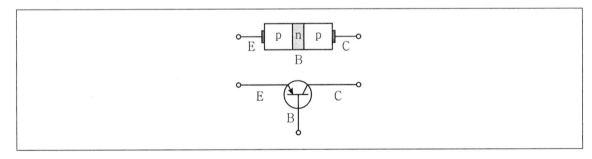

(가)　　(나)

① (가)는 B의 세포이다.

② (가)의 감수 1분열 중기에서 세포 1개당 염색 분체 수는 8이다.

③ (나)의 핵상은 2n이다.

④ (나)의 체세포 분열 중기에서 세포 1개당 염색체 수는 4이다.

6 그림은 p-n-p형 반도체를 접합하여 만든 소자를 나타낸 것이다. 이에 대한 설명으로 옳은 것은?

① 이 소자는 0과 1의 신호를 만드는 디지털 소자로 응용할 수 없다.

② 베이스 B와 컬렉터 C 사이에 순방향 전압을 걸어 줄 때 작동하는 소자이다.

③ 베이스 B의 미세한 신호를 컬렉터 C의 강한 신호로 바꾸는 증폭 작용을 할 수 있다.

④ p형 반도체에서는 주로 전자가 전류를 흐르게 한다.

7 관성력은 물체 사이의 상호작용에 의한 힘이 아니고 관측자가 가속운동을 하기 때문에 느껴지는 겉보기 힘이다. 이에 대한 현상으로 옳은 것만을 모두 고르면?

> ㉠ 차가 급정거 또는 급출발할 때 사람이 앞 또는 뒤로 쏠리는 힘
> ㉡ 엘리베이터에서 무게를 잴 때, 엘리베이터가 정지해 있다가 움직이기 시작하면 무게가 변화하는 현상
> ㉢ 평평한 책상 위에 놓인 벽돌에 작용하는 수직항력은 중력에 대한 책상의 반작용에 따른 겉보기 힘이다.

① ㉠, ㉡   ② ㉠, ㉢
③ ㉡, ㉢   ④ ㉠, ㉡, ㉢

8 다음은 소리와 전자기파의 특성을 나열한 것이다. ㉠ ～ ㉣에 들어갈 말을 옳게 짝 지은 것은?

> • 소리와 전자기파 중 매질이 없는 진공 중에서도 전달되는 것은 [㉠] 이다.
> • 소리의 전달 속도는 액체보다 [㉡] 에서 더 빠르다.
> • 소리의 크기가 클수록 음파의 [㉢] 이(가) 크다.
> • 전자기파 중 자외선은 가시광선보다 [㉣] 이(가) 크며, 살균 기능이 있어 식기 소독기 등에 사용된다.

① ㉠ – 소리   ② ㉡ – 고체
③ ㉢ – 진동수   ④ ㉣ – 파장

9 그래프는 수평면에 정지해 있는 1 kg의 물체에 작용한 힘을 시간에 따라 나타낸 것이다. 0 ~ 2초 동안 물체가 마찰이 없는 바닥에서 직선운동을 할 때, 이에 대한 설명으로 옳은 것은?

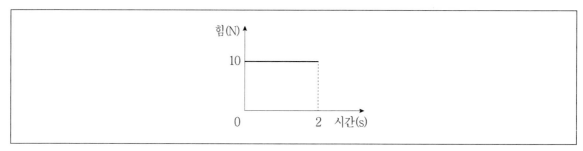

① 물체의 가속도의 크기는 5 m/s²이다.

② 물체에 작용한 힘이 물체에 한 일은 200 J이다.

③ 1초에서 물체의 속력은 5 m/s이다.

④ 일정한 힘이 작용하였으므로 물체의 운동량의 크기는 일정하다.

10 다음은 중성자(n)가 전자(e^-)를 방출하는 베타 붕괴과정을 나타낸 것이다. 이 붕괴과정과 입자 A에 대한 설명으로 옳은 것만을 모두 고르면?

$$n \rightarrow \boxed{A} + e^- + \overline{\nu_e} (중성미자)$$

ㄱ 입자 A는 전자(e^-)와 강한(강력) 상호작용을 한다.

ㄴ 입자 A는 쿼크로 이루어져 있다.

ㄷ 입자 A는 중성미자와 같은 전하를 띠고 있다.

ㄹ 베타 붕괴과정에는 약한(약력) 상호작용이 관여한다.

① ㄱ

② ㄴ

③ ㄱ, ㄷ

④ ㄴ, ㄹ

11 그림은 어느 날 우리나라 주변의 지상 일기도이다. 이에 대한 설명으로 옳은 것은?

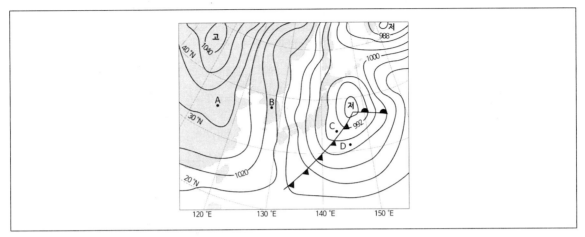

① 봄과 가을에 주로 나타나는 일기도 유형이다.

② A에서의 풍속은 B에서보다 작다.

③ C에서는 층운형 구름이 발생하고 이슬비가 내린다.

④ D에서의 풍향은 시간이 지남에 따라 반시계 방향으로 바뀐다.

12 그림은 대기권에서 일어나는 오존의 생성 또는 소멸과 관련 있는 과정을 나타낸 것이다. 이에 대한 설명으로 옳은 것은?

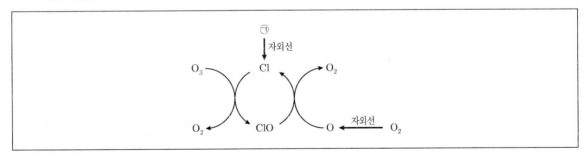

① ㉠은 이산화황(SO_2)이다.

② 이 과정에 의해 오존이 생성된다.

③ 이 과정은 주로 성층권에서 일어난다.

④ 이 과정이 활발해지면 지표면에 도달하는 자외선의 양은 감소한다.

13 재생에너지 발전에 대한 설명으로 옳지 않은 것은?

① 조력 발전은 해류의 흐름을 이용한 발전 방식이다.

② 태양광 발전은 발전할 수 있는 시간이 제한된다.

③ 지열 발전은 온실가스 발생량을 줄이는 장점이 있다.

④ 풍력 발전의 근원 에너지는 태양 에너지이다.

14 표는 판의 경계와 그 경계에서 형성되는 지형을 나타낸 것이다. 이에 대한 설명으로 옳은 것은?

경계부의 두 판	판의 경계		
	A	B	보존형 경계
대륙판과 대륙판	동아프리카 열곡대	D	–
대륙판과 해양판	–	페루 – 칠레해구	변환단층
해양판과 해양판	C	마리아나해구	변환단층

① A는 수렴형 경계이다.

② B는 발산형 경계이다.

③ C에서는 해양판이 소멸된다.

④ D에서는 습곡 산맥이 만들어진다.

15 표는 세 지점(A, B, C)의 위도를 나타낸 것이다. 이에 대한 설명으로 옳은 것만을 모두 고르면?

구분	A	B	C
위도	50°N	35°N	40°N

ㄱ 북극성의 고도는 A가 가장 높다.
ㄴ 하짓날 태양의 남중고도는 B가 가장 높다.
ㄷ C지점에서 일주권과 지평선이 이루는 각은 40°이다.

① ㄱ
② ㄴ
③ ㄱ, ㄴ
④ ㄱ, ㄷ

16 금속 나트륨(Na)과 염화 나트륨(NaCl)에 대한 설명으로 옳지 않은 것은?

① Na 원자가 Cl 원자보다 전기 음성도가 크다.

② 나트륨 이온(Na^+)의 바닥상태에서의 전자 배치는 $1s^2 2s^2 2p^6$이다.

③ 염화 나트륨은 용융 상태가 고체 상태보다 전기 전도성이 크다.

④ 동일한 힘을 가할 때 염화 나트륨이 금속 나트륨보다 더 쉽게 부서진다.

17 다음 화학 반응식에서 산화-환원 반응식만을 모두 고르면?

㉠ $2H_2 + O_2 \rightarrow 2H_2O$

㉡ $N_2 + 3H_2 \rightarrow 2NH_3$

㉢ $CaCO_3 \rightarrow CaO + CO_2$

㉣ $2NaCl + H_2SO_4 \rightarrow Na_2SO_4 + 2HCl$

① ㉠, ㉡　　　　　　　　　　② ㉠, ㉣

③ ㉡, ㉢　　　　　　　　　　④ ㉢, ㉣

18 그림은 2주기 비금속 원자 X ~ Z의 루이스 전자점식을 나타낸 것이다. 〈보기〉의 설명으로 옳은 것만을 모두 고르면? (단, X ~ Z는 임의의 원소 기호이며, 〈보기〉의 물질에서 X ~ Z는 옥텟 규칙을 만족한다)

·X·　　:Y·　　:Z·

〈보기〉

㉠ XZ_2는 선형 구조이다.

㉡ Y_2의 공유 전자쌍 수는 2개이다.

㉢ XH_4의 결합각($\angle H - X - H$)은 105°이다. (H는 수소)

㉣ Z_2의 비공유 전자쌍 수는 4개이다.

① ㉠, ㉡　　　　　　　　　　② ㉠, ㉣

③ ㉡, ㉢　　　　　　　　　　④ ㉢, ㉣

19 메테인(CH_4)의 완전 연소 반응에 대한 설명으로 옳지 않은 것은? (단, H, C, O의 원자량은 각각 1, 12, 16이고, 기체는 아보가드로 법칙을 따르며, 아보가드로수는 N_A로 가정한다)

$$CH_4(g) + aO_2(g) \rightarrow \boxed{\quad \bigcirc \quad}(g) + bH_2O(g)$$

① 계수 a와 b는 같다.

② ㉠은 무극성 분자이다.

③ 8 g의 CH_4가 완전 연소되기 위해서는 32 g의 O_2가 필요하다.

④ 1몰의 CH_4가 완전 연소될 때 얻어지는 H_2O의 분자 수는 N_A이다.

20 다음은 중화 반응 실험 결과이다. 이에 대한 설명으로 옳은 것은? (단, 열 손실은 없고, 실험 (가)~(다)에 사용한 $HCl(aq)$, $KOH(aq)$은 같다)

실험	$HCl(aq)$의 부피[mL]	$KOH(aq)$의 부피[mL]	혼합 용액의 액성
(가)	10	15	㉠
(나)	15	5	산성
(다)	20	10	중성

① ㉠은 산성이다.

② (나)에 $KOH(aq)$ 5 mL를 추가로 넣으면 중성 용액이 된다.

③ 혼합 전 단위 부피당 총 이온 수는 KOH가 HCl의 2배이다.

④ 반응에서 생성되는 물의 양은 (가)가 (다)보다 많다.

☞ 정답 및 해설 P.32

1 그림은 염색체 돌연변이 중 하나를 나타낸 것이다. 이에 대한 설명으로 옳은 것은?

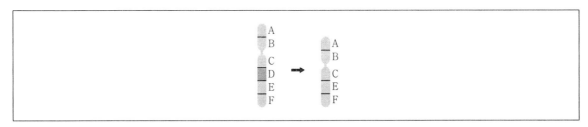

① 전좌가 일어난 것이다.

② 감수분열 때 염색체가 비분리되어 발생한다.

③ 그림의 돌연변이는 핵형 분석으로 알아낼 수 있다.

④ 터너 증후군이 위와 같은 돌연변이에 의해 나타난다.

2 그림은 혈당량 조절 과정의 일부를 나타낸 것이며, ㉠과 ㉡은 각각 저혈당과 고혈당 중 하나이다. 이에 대한 설명으로 옳은 것은? (단, 실선과 점선은 서로 다른 기작을 나타낸다)

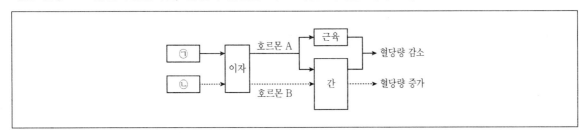

① ㉠은 저혈당이다.

② 호르몬 A는 글루카곤이다.

③ 식사 후에는 호르몬 A의 분비량이 감소한다.

④ 호르몬 B는 간에 저장된 글리코젠의 양을 감소시킨다.

3 표의 A ~ C는 각각 DNA, 단백질, 중성 지방을 순서 없이 나타낸 것이다. 이에 대한 설명으로 옳은 것만을 〈보기〉에서 모두 고르면?

물질	인체 구성 성분	항체의 주성분	유전 정보 저장
A	O	O	X
B	O	X	O
C	O	X	X

※ O : 해당됨, X : 해당되지 않음

〈보기〉
㉠ A가 세포 호흡에 이용되면 암모니아가 생성된다.
㉡ B의 기본 구성 단위는 리보스를 가진다.
㉢ C는 세포막을 이루는 주요 구성 성분이다.

① ㉠
② ㉢
③ ㉠, ㉡
④ ㉡, ㉢

4 그림은 어떤 개체군의 이론상의 생장 곡선과 실제의 생장 곡선을 나타낸 것이다. 이 개체군에 대한 설명으로 옳은 것은?

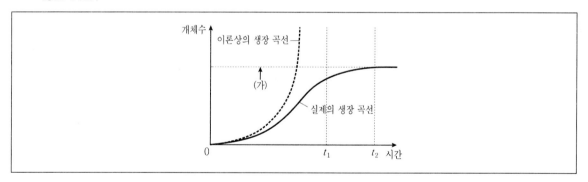

① t1에서 t2로 갈수록 개체 간 경쟁이 감소한다.
② 개체수가 (가)에 도달할 때까지 환경 저항을 받지 않는다.
③ 환경 저항이 없다면 J자 모양의 생장 곡선을 나타낼 것이다.
④ t2에서 개체수가 증가하지 않는 것은 환경 저항이 사라지기 때문이다.

5 그림은 유전병 A에 대한 가계도를 나타낸 것이다. 이에 대한 설명으로 옳지 않은 것은? (단, 돌연변이는 고려하지 않는다)

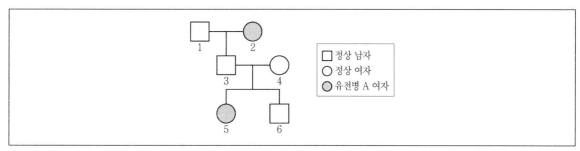

① 유전병 A는 열성 형질이다.

② 유전병 A 대립 유전자는 성염색체에 존재한다.

③ 2의 유전병 A 대립 유전자 중 하나는 3을 거쳐 5에게 전달되었다.

④ 6의 동생이 태어날 때, 이 동생에게 유전병 A가 나타날 확률은 $\frac{1}{4}$이다.

6 그림은 직선 경로를 따라 한쪽 방향으로 운동하는 질량 m인 물체의 운동량을 시간에 따라 나타낸 것이다. 이에 대한 설명으로 옳은 것은?

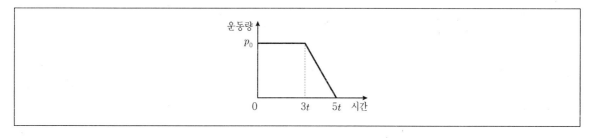

① $2t$일 때 물체의 속력은 $\frac{2p_0}{m}$이다.

② $0 \sim 2t$까지 물체에 작용하는 알짜힘은 일정하게 증가한다.

③ $3t$부터 $5t$까지 물체가 받은 충격량의 방향은 운동 방향과 같다.

④ $4t$일 때 물체의 가속도의 크기는 $\frac{p_0}{2mt}$이다.

7 그림의 A ～ C는 도체, 반도체, 절연체의 에너지띠 구조를 순서 없이 나타낸 것이다. 색칠한 부분은 에너지띠에 전자가 차 있는 것을 나타낸다. 이에 대한 설명으로 옳은 것은?

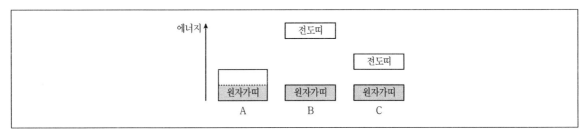

① A는 반도체이다.

② 상온에서 전기 전도도는 일반적으로 A가 B보다 높다.

③ B의 띠틈의 크기는 C의 띠틈의 크기보다 작다.

④ C는 도핑에 의해 전기 전도도가 낮아진다.

8 그림은 자동차가 직선도로를 따라 등가속도 운동을 하는 모습을 나타낸 것이다. P점에서 정지해 있다가 출발한 자동차가 10초 후 Q점을 통과할 때 속력은 10 m/s이었다. 이에 대한 설명으로 옳은 것은?

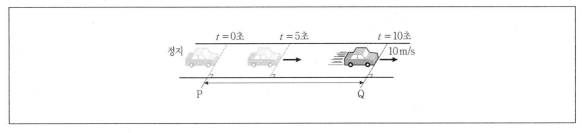

① 자동차의 가속도의 크기는 2 m/s^{2}이다.

② P와 Q 사이의 거리는 100 m이다.

③ 자동차가 출발하고 5초가 지날 때 속력은 5 m/s이다.

④ 자동차가 출발해서 5초 동안 이동한 거리는 50 m이다.

9 그림과 같이 질량이 m으로 동일한 두 물체 A, B를 실과 도르래로 연결한 후 가만히 놓았더니 두 물체가 화살표 방향으로 움직이기 시작하였다. 물체 A의 연직 높이가 h만큼 내려왔을 때 물체 B의 연직 높이는 h'만큼 올라갔다. A의 감소한 중력 퍼텐셜 에너지가 A의 증가한 운동 에너지의 3배일 때 h'은? (단, 실은 길이가 변하지 않고 질량이 없으며 도르래는 마찰이 없고 질량이 없으며, 빗면은 바닥에 고정되어 있고 표면의 마찰이 없으며, 공기 저항은 무시한다)

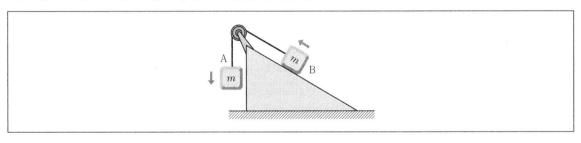

① $\dfrac{1}{3}h$

② $\dfrac{2}{3}h$

③ h

④ $\dfrac{4}{3}h$

10 그림 (가)~(다)는 정보 저장 매체인 하드디스크, CD와 DVD, 플래시 메모리를 각각 나타낸 것이다. 이에 대한 설명으로 옳지 않은 것은?

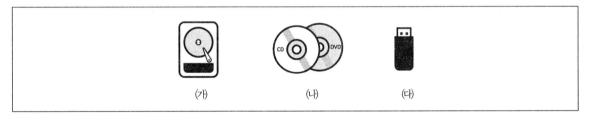

① (가)는 전자기 유도 현상을 이용하여 정보를 읽는다.

② (나)는 빛을 이용하여 정보를 읽는다.

③ (나)에서 DVD는 CD보다 같은 면적에 더 많은 정보를 저장할 수 있다.

④ (다)는 강자성체를 이용하여 정보를 저장한다.

11 표의 A ~ D는 판 경계부에서 발달한 지형을 나타낸 것이다. 이에 대한 설명으로 옳지 않은 것은?

경계부의 두 판	판의 경계		
	발산형	수렴형	보존형
대륙판과 대륙판	A	B	
해양판과 해양판	C		D

① 동아프리카 열곡대는 A에 해당한다.

② 히말라야산맥은 B에 해당하고 화산 활동이 활발한 곳이다.

③ 대서양 중앙 해령은 C에 해당하고 현무암질 마그마가 분출한다.

④ D에서는 판의 생성도 소멸도 없다.

12 그림은 지구의 환경 변화를 모식적으로 나타낸 것이다. 이에 대한 설명으로 옳은 것은? (단, ㉠과 ㉡은 자외선과 태양풍을 순서 없이 제시한 것이다)

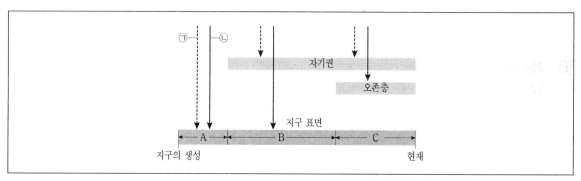

① ㉠은 자외선이고, ㉡은 태양풍이다.

② 지구의 표면온도는 A시기보다 B시기에 더 높다.

③ 대기 중의 산소 농도는 A시기보다 C시기에 더 높다.

④ 최초의 육상 생물은 A시기에 출현하였다.

13 그림은 어느 한 지점에서 발생한 지진을 서로 다른 관측소 A와 B에서 관측한 지진기록이다. 이에 대한 설명으로 옳은 것은?

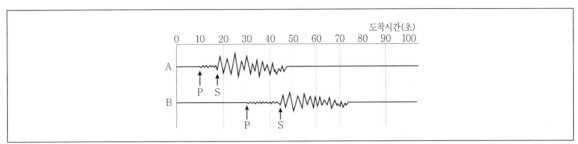

① 지진의 규모는 장소에 관계없이 일정하다.
② P파는 S파보다 늦게 도착한다.
③ 진앙과 관측소 사이의 거리는 B보다 A가 더 멀다.
④ PS시는 관측소 A보다 관측소 B가 더 짧다.

14 그림은 하천 A ~ C에서 2005년부터 2015년까지의 BOD기준 수질변화를 나타낸 것이다. 이에 대한 설명으로 옳은 것만을 모두 고르면?

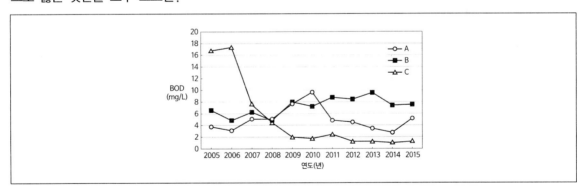

> ㉠ 이 기간 동안 수질이 가장 개선된 곳은 B이다.
> ㉡ 2015년 용존 산소량은 C에서 가장 높다.
> ㉢ 이 기간 동안 A는 지속적으로 수질이 개선되었다.

① ㉠
② ㉡
③ ㉠, ㉢
④ ㉡, ㉢

15 위도 37.5°N인 지역에서 태양의 남중고도를 측정하였더니 29°였다. 관측지역에서 이 날에 대한 설명으로 옳은 것은?

① 밤과 낮의 길이는 같다.

② 태양의 적경은 약 12 h이다.

③ 태양의 적위는 약 23.5°이다.

④ 태양은 남동쪽에서 떠서 남서쪽으로 진다.

16 산화 환원 반응이 아닌 것은?

① $Mg + 2HCl \rightarrow MgCl_2 + H_2$

② $CaCO_3 + 2HCl \rightarrow CaCl_2 + H_2O + CO_2$

③ $CuO + H_2 \rightarrow Cu + H_2O$

④ $C_6H_{12}O_6 + 6O_2 \rightarrow 6CO_2 + 6H_2O$

17 다음 이온들의 크기를 비교한 것으로 옳은 것은?

$_{16}S^{2-}$　　$_{17}Cl^-$　　$_{19}K^+$　　$_{20}Ca^{2+}$

① $_{20}Ca^{2+} < {}_{19}K^+ < {}_{17}Cl^- < {}_{16}S^{2-}$

② $_{19}K^+ < {}_{20}Ca^{2+} < {}_{17}Cl^- < {}_{16}S^{2-}$

③ $_{16}S^{2-} < {}_{17}Cl^- < {}_{20}Ca^{2+} < {}_{19}K^+$

④ $_{16}S^{2-} < {}_{17}Cl^- < {}_{19}K^+ < {}_{20}Ca^{2+}$

18 다음 에탄올의 연소 반응에 대한 설명으로 옳은 것은? (단, $t\,^{\circ}C$, 1기압에서 기체 1몰의 부피는 24 L이고, 에탄올의 분자량은 46이다)

> • $C_2H_5OH(l) + aO_2(g) \rightarrow bCO_2(g) + cH_2O(g)$ (a, b, c는 반응 계수, l은 액체, g는 기체)
> • 에탄올의 완전 연소 시 필요한 산소 기체의 부피는 $t\,^{\circ}C$, 1기압에서 1.8 L이다.

① a는 c보다 크다.

② b는 a보다 크다.

③ 완전 연소 시 반응한 에탄올의 양은 1.15 g이다.

④ 반응물의 전체 분자수와 생성물의 전체 분자수는 같다.

19 그림은 DNA를 구성하는 뉴클레오타이드의 구조 중 하나를 나타낸 것이다. 이에 대한 설명으로 옳지 않은 것은?

① (가)는 인산, (나)는 당, (다)는 염기이다.

② 인산을 구성하는 원소들은 모두 옥텟 규칙을 만족한다.

③ 인산과 당은 DNA의 골격을 형성한다.

④ 염기의 종류에는 A(아데닌), T(티민), C(사이토신), G(구아닌)이 있다.

20 수소 원자의 수가 가장 많은 것은? (단, 원자량은 H=1, O=16이고, $0\,^{\circ}C$, 1기압에서 기체 1몰의 부피는 22.4 L이다)

① 9 g의 물(H_2O)

② 0.5몰의 암모니아(NH_3)

③ 3.01×10^{23}개의 수소 분자(H_2)

④ $0\,^{\circ}C$, 1기압에서 11.2 L의 메테인(CH_4)

1 그림은 지구의 초기 진화 과정을 순서 없이 나타낸 것이다. A~D를 진화 순서대로 바르게 나열한 것은?

A	B	C	D
미행성체 충돌 시작	원시 해양 형성	마그마 바다 형성	원시 지각 형성

① A→B→C→D

② A→C→D→B

③ A→D→B→C

④ A→D→C→B

2 (가)는 동물, (나)는 식물의 구성 단계를 나타낸 것이다. ⓐ~ⓓ는 각각 기관계, 조직, 기관, 조직계 중 하나이다. 이에 대한 설명으로 가장 옳은 것은?

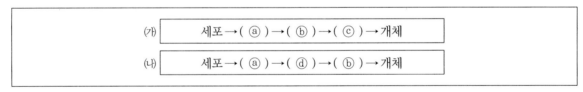

(가) 세포→(ⓐ)→(ⓑ)→(ⓒ)→개체

(나) 세포→(ⓐ)→(ⓓ)→(ⓑ)→개체

① 서로 다른 기능을 하는 세포가 모여 ⓐ를 이룬다.

② (가)에서 혈액과 혈관은 모두 ⓑ에 해당한다.

③ ⓒ는 조직계이다.

④ ⓓ를 이루는 세포 중 일부에서 엽록체가 관찰된다.

3 〈보기〉는 인류 문명과 생명 현상에 관련된 화학 반응을 나타낸 것이다. 이에 대한 설명으로 가장 옳은 것은?

〈보기〉

(가) $Fe_2O_3 + 3CO \rightarrow 2(\ \text{㉠}\ ) + 3CO_2$

(나) $N_2 + 3H_2 \rightarrow 2(\ \text{㉡}\ )$

(다) $CH_4 + 2O_2 \rightarrow (\ \text{㉢}\ ) + 2H_2O$

(라) $6H_2O + 6CO_2 \rightarrow (\ \text{㉣}\ ) + 6O_2$

① ㉠은 화합물로 분자이다.

② ㉡은 분자이며 원소이다.

③ ㉡, ㉢, ㉣은 분자이다.

④ ㉢, ㉣은 모두 같은 종류의 원소로 구성된 화합물이다.

4 그림은 해령 주변의 판의 경계와 이동 방향을 모식도로 나타낸 것이다. 이에 대한 설명으로 가장 옳은 것은?

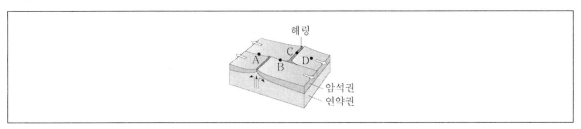

① A에서는 천발 지진이 가장 많이 발생한다.

② B에서는 심발 지진이 가장 많이 발생한다.

③ C에서는 현무암질 마그마가 분출할 수 있다.

④ D에서 C로 갈수록 해양 지각의 나이가 많아진다.

5 그림은 물체 A, B, C에 줄1, 2를 연결하고 C를 잡고 있다가 가만히 놓았을 때 세 물체가 등가속도 직선 운동하는 것을 나타낸 것이다. A, B, C의 질량은 각각 m, $2m$, $3m$이고, A와 B는 수평한 책상면 위에서 운동한다. 이에 대한 설명으로 가장 옳은 것은? (단, 중력 가속도는 g이고, 줄의 질량 및 모든 마찰과 공기 저항은 무시한다.)

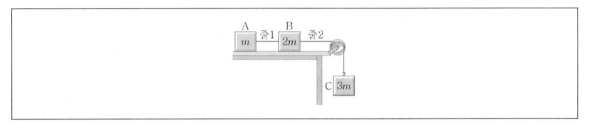

① C의 가속도의 크기는 g이다.

② A에 작용하는 알짜힘의 크기는 B에 작용하는 알짜힘의 크기와 같다.

③ 줄1이 B에 작용하는 힘의 크기는 줄1이 A에 작용하는 힘의 크기와 같다.

④ 줄2가 B에 작용하는 힘의 크기는 줄1이 B에 작용하는 힘의 크기의 2배이다.

6 그림은 어떤 식물의 체세포 분열 과정에서 관찰할 수 있는 세포의 모습을 나타낸 것이다. 이에 대한 설명으로 가장 옳은 것은?

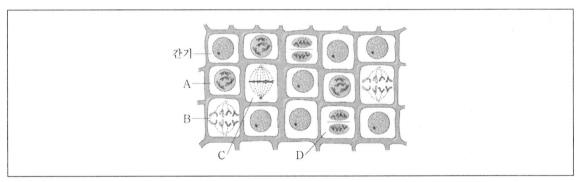

① $\dfrac{\text{세포 A의 DNA상대량}}{\text{세포 분열 결과 형성된 DNA상대량}} = 2$이다.

② A는 S기에 해당한다.

③ 이 식물 세포의 핵상은 $2n=8$이다.

④ 이 식물의 감수 분열 시, 감수 2분열에서 B를 관찰할 수 있다.

7 그림은 양 끝이 고정된 동일한 재질인 두 개의 줄 A와 B가 진동하는 모습을 나타낸 것이다. A, B의 길이는 각각 $2L$, L이고 A와 B에서 파동의 전파 속력이 서로 같을 때, 파동의 진동수를 f_A, f_B라 하면, $f_A : f_B$는?

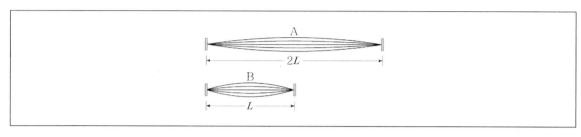

① 1 : 2

② 1 : 4

③ 2 : 1

④ 4 : 1

8 그림은 직선 운동하는 어떤 물체의 속도를 시간에 따라 나타낸 것이다. 이 물체의 운동에 대한 설명으로 가장 옳은 것은?

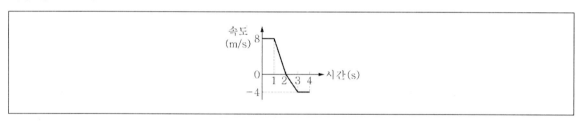

① 1~2초 동안 등속도 운동을 한다.

② 0~2초 동안 이동한 거리는 12m이다.

③ 2.5초일 때 가속도의 크기는 8m/s²이다.

④ 2~4초 동안 평균 속도의 크기는 4m/s이다.

9 그림은 보어의 원자 모형에서 수소 원자의 에너지 준위와 몇 가지 전자 전이를 나타낸 것이다. 이에 대한 설명으로 옳은 것을 〈보기〉에서 모두 고르면? (단, 수소 원자의 에너지 준위 $E_n = -\dfrac{1312}{n^2}\,kJ/mol$이며, n은 주양자 수이다.)

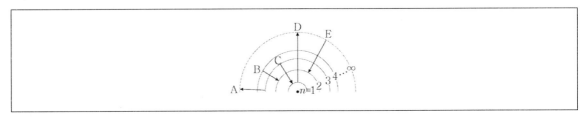

〈보기〉

㉠ 전자 전이 A는 수소 원자에서 전자를 떼어 내는 데 필요한 에너지와 크기가 같다.
㉡ 전자 전이 B는 적외선 영역의 빛을 방출한다.
㉢ 전자 전이 E에서 방출되는 빛은 발머 계열에 해당한다.
㉣ 방출되는 빛의 파장 중에서 전자 전이 C의 파장이 가장 짧다.

① ㉠, ㉡　　　　　　　　　　　② ㉡, ㉢
③ ㉡, ㉣　　　　　　　　　　　④ ㉢, ㉣

10 그림과 같이 막대 자석이 금속 고리의 중심축을 따라 고리를 통과하여 낙하한다. 점 p, q는 중심축상의 지점이다. 막대 자석이 p를 지나는 순간 고리에 유도되는 전류의 방향은 ⓐ이다. 이에 대한 설명으로 가장 옳은 것은? (단, 막대 자석의 크기는 무시한다.)

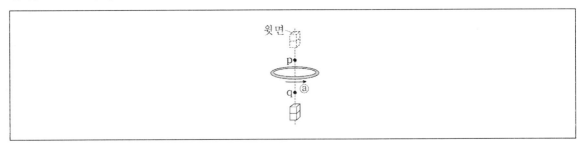

① 막대 자석의 윗면은 S극이다.
② 막대 자석이 q를 지나는 순간, 금속 고리에 유도되는 전류의 방향은 ⓐ와 같다.
③ 막대 자석이 q를 지나는 순간, 막대 자석과 금속 고리 사이에 서로 미는 힘이 작용한다.
④ 막대 자석이 p를 지나는 순간, 막대 자석과 금속 고리 사이에 서로 당기는 힘이 작용한다.

11 그림 (가)와 (나)는 북반구의 온대 저기압에 동반된 두 종류의 전선을 나타낸 것이다. 이에 대한 설명으로 가장 옳은 것은?

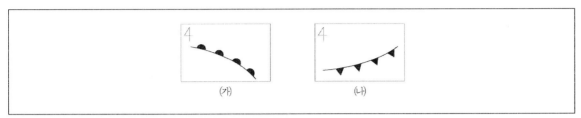

① 전선면의 기울기는 (가)가 (나)보다 완만하다.

② (나)의 이동 속도는 (가)보다 느리다.

③ (나)의 전선 후면에서는 맑은 날씨가 나타난다.

④ (가)의 전선면에서는 적운형 구름이 발달한다.

12 그림은 주기율표의 일부를 나타낸 것이다. 원소 A~F에 대한 설명으로 가장 옳은 것은? (단, A~F는 임의의 원소 기호이며, 원자 번호는 20 이하이다.)

1	2	13	14	15	16	17	18
							A
	B						C
D						E	
	F						

① A와 C의 원자가 전자 수는 8이다.

② 음이온이 되기가 가장 쉬운 원소는 E이다.

③ 비활성 기체는 B와 F이다.

④ 이온 반지름은 D가 E보다 크다.

13 그림 (가)와 (나)는 엘니뇨와 라니냐를 순서 없이 나타낸 것이다. 이에 대한 설명으로 가장 옳은 것은?

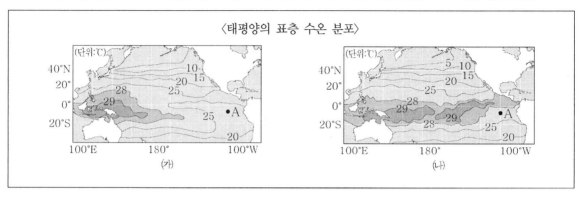

① (가)는 라니냐 (나)는 엘니뇨 발생 시기이다.

② 무역풍의 세기는 (가)시기가 (나)시기보다 약하다.

③ (가)시기가 (나)시기보다 A해역에서의 용승현상이 약하다.

④ A해역의 해수면 높이는 (가)시기가 (나)시기보다 높다.

14 호르몬에 대한 설명으로 가장 옳지 않은 것은?

① 내분비샘에서 분비된다.

② 미량으로 작용하므로 결핍증이나 과다증이 없다.

③ 별도의 분비관 없이 혈액으로 분비된다.

④ 혈액에 의해 운반된다.

15 표는 2주기 원소 X~Z로 이루어진 분자 (가)~(다)에 대한 자료이다. (가)~(다)에서 모든 원자가 옥텟 규칙을 만족할 때, 이에 대한 설명으로 옳은 것만을 〈보기〉에서 모두 고른 것은? (단, X~Z는 임의의 원소 기호이다.)

분자	(가)	(나)	(다)
분자식	XY_4	ZY_2	XZY_2
비공유 전자쌍 수	12	8	8

〈보기〉

ㄱ. (가)의 분자 모양은 삼각뿔형이다.
ㄴ. (다)의 분자 모양은 평면 삼각형으로 결합각은 약 120°이다.
ㄷ. 분자의 쌍극자 모멘트 합이 (나)가 (가)보다 크다.
ㄹ. (가)와 (다)의 공유 전자쌍의 수가 같다.

① ㄱ, ㄷ
② ㄴ, ㄹ
③ ㄱ, ㄷ, ㄹ
④ ㄴ, ㄷ, ㄹ

16 그림은 묽은 염산(HCl)에 금속 M을 넣었을 때 일어나는 반응을 모형으로 나타낸 것이다. 이에 대한 설명으로 가장 옳은 것은? (단, M은 임의의 원소기호이다.)

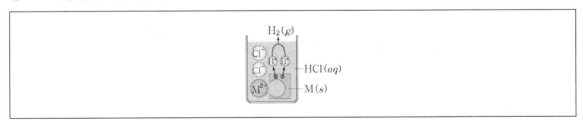

① H^+가 산화되어 H_2가 된다.
② 먼저 M이 산화되고, 순차적으로 나중에 H^+가 환원된다.
③ M이 환원되어 M^{2+}가 된다.
④ 반응이 일어나는 동안 수용액의 이온 수는 감소한다.

17 그림과 같이 실린더에 들어있는 이상 기체에 열 Q를 가했더니 기체의 압력이 P로 일정하게 유지되면서 부피가 증가하였다. 부피가 증가하는 동안, 이상 기체에 일어나는 현상에 대한 설명으로 가장 옳은 것은?

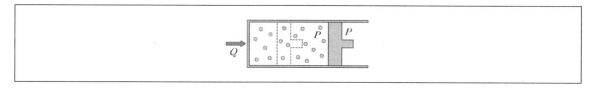

① 기체의 온도는 감소한다.

② 기체는 외부로부터 일을 받는다.

③ 기체 분자의 평균 속력은 일정하다.

④ 기체가 흡수한 열량은 기체가 외부에 한 일보다 크다.

18 그림과 같이 단면적이 변하는 관을 따라 이상 유체가 흐르고 있다. 관 내부 두 지점 A, B의 압력은 같고, 높이 차는 3m이며, A에서 유체의 속력은 8m/s이다. A와 B의 단면적이 각각 1cm^2, S일 때, S의 값은? (단, 중력 가속도 g=10m/s^{2}로 한다.)

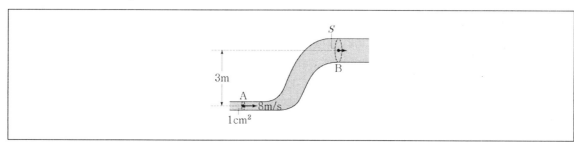

① 4cm^2

② 6cm^2

③ 8cm^2

④ 10cm^2

19 그림은 약 한 달 동안 태양, 지구, 달의 상대적인 위치변화를 나타낸 것이다. 이에 대한 설명으로 가장 옳은 것은?

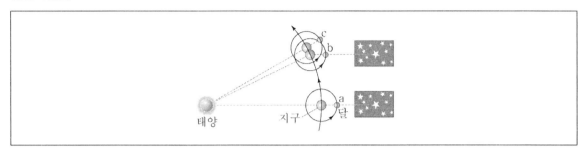

① a의 위치에서 달의 위상은 삭으로 관찰된다.

② a에서 b까지 가는 데 걸리는 시간은 약 27.3일이다.

③ a에서 c까지 가는 데 걸리는 시간을 항성월이라고 한다.

④ b의 위치에서 달의 위상은 망으로 관찰된다.

20 그림 (가)는 조혈 모세포에서 림프구가 분화하는 과정을, (나)는 세균 X가 침입했을 때 일어나는 방어 작용의 일부를 나타낸 것이다. 세균 X가 서로 다른 두 종류의 항원을 가질 때, 이에 대한 설명으로 가장 옳은 것은? (단, ㉠∼㉢은 각각 형질세포, B림프구, 보조T림프구 중 하나이다.)

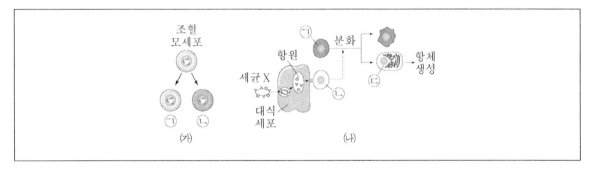

① 세포 ㉠과 ㉡의 핵상은 n으로 동일하다.

② 세포 ㉠은 골수에서 생성되어 가슴샘에서 성숙한다.

③ 세포 ㉡은 체액성 면역과 세포성 면역을 모두 활성화 시킬 수 있다.

④ 세포 ㉢은 서로 다른 두 종류의 항체를 생성한다.

1 다음은 산 염기 반응의 화학 반응식이다. 이에 대한 설명으로 옳은 것만을 〈보기〉에서 있는 대로 고른 것은?

> (가) $CH_3COOH(aq) + H_2O(l) \rightarrow CH_3COO^-(aq) + H_3O^+(aq)$
>
> (나) $CH_3NH_2(g) + H_2O(l) \rightarrow CH_3NH_3^+(aq) + OH^-(aq)$
>
> (다) $F^-(aq) + BF_3(g) \rightarrow BF_4^-(aq)$

> 〈보기〉
> ㉠ (가)에서 CH_3COOH은 아레니우스 산이다.
> ㉡ (나)에서 CH_3NH_2은 브뢴스테드-로우리 산이다.
> ㉢ (다)에서 F^-은 루이스 염기이다.

① ㉠㉡ ② ㉡㉢

③ ㉠㉢ ④ ㉠㉡㉢

2 다음은 Cu와 관련된 2가지 반응의 화학 반응식이다. 이에 대한 설명으로 옳은 것만을 〈보기〉에서 있는 대로 고른 것은?

> (가) $CuO + H_2 \rightarrow Cu + H_2O$ (나) $Cu_2S + O_2 \rightarrow 2Cu + SO_2$

> 〈보기〉
> ㉠ (가)에서 CuO는 산화제이다.
> ㉡ (나)에서 O의 산화수는 감소한다.
> ㉢ (나)에서 S는 환원된다.

① ㉠㉡ ② ㉡㉢

③ ㉠㉢ ④ ㉠㉡㉢

3 표는 X이온과 중성 원자 Y를 구성하는 입자 a~c의 수를 나타낸 것이다. a와 b는 원자핵을 구성하는 입자이다. 이에 대한 설명으로 옳은 것만을 〈보기〉에서 있는 대로 고른 것은? (단, X와 Y는 임의의 원소 기호이다.)

	a의 수	b의 수	c의 수
X이온	11	12	10
Y원자	10	11	10

〈 보기 〉
㉠ a는 양성자이다.
㉡ X이온은 양이온이다.
㉢ Y원자는 Ne이다.

① ㉠㉡ 　　　　　　　　② ㉡㉢
③ ㉠㉢ 　　　　　　　　④ ㉠㉡㉢

4 그림 (가)~(다)는 $_6C$의 전자 배치를 나타낸 것이다. 이에 대한 설명으로 옳은 것만을 〈보기〉에서 있는 대로 고른 것은?

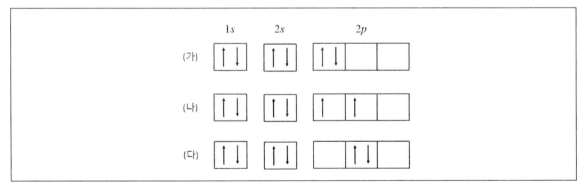

〈 보기 〉
㉠ (가)는 파울리 배타 원리에 어긋난다.
㉡ (나)는 바닥 상태의 전자 배치이다.
㉢ (다)는 훈트 규칙을 만족하지 않는다.

① ㉠㉡ 　　　　　　　　② ㉡㉢
③ ㉠㉢ 　　　　　　　　④ ㉠㉡㉢

5 표는 같은 온도와 압력에서 질량이 같은 기체 (가)와 (나)에 대한 자료이다. 이에 대한 설명으로 옳은 것만을 〈보기〉에서 있는 대로 고른 것은? (단, X와 Y는 임의의 원소 기호이다.)

기체	분자식	부피(L)
(가)	X_2	11
(나)	YX_2	8

〈 보기 〉

㉠ 분자량은 $YX_2 > X_2$이다.

㉡ 기체 (가)와 (나)의 원자 수의 비는 $11 : 12$이다.

㉢ X와 Y의 원자량의 비는 $4 : 3$이다.

① ㉠㉡   ② ㉡㉢

③ ㉠㉢   ④ ㉠㉡㉢

6 다음은 원자핵이 방사선 α와 β를 방출하는 과정을 핵반응식으로 나타낸 것이다. 이에 대한 설명으로 옳은 것만을 〈보기〉에서 있는 대로 고른 것은?

$$^{238}_{92}U \rightarrow\ ^{234}_{90}Th + \alpha$$

$$^{12}_{5}B \rightarrow\ ^{12}_{6}C + \beta$$

〈 보기 〉

㉠ α는 양성자수와 중성자수가 같다.

㉡ β는 양(+)전하를 띤다.

㉢ 투과력은 β가 α보다 크다.

① ㉠㉡   ② ㉡㉢

③ ㉠㉢   ④ ㉠㉡㉢

7 진동수가 f인 빛을 금속판 A와 B에 비추었더니, 광전자가 A에서만 방출되고 B에서는 방출되지 않았다. 이에 대한 설명으로 옳은 것만을 〈보기〉에서 있는 대로 고른 것은?

〈 보기 〉
㉠ 진동수가 f인 빛의 세기를 증가시켜도 B에서는 광전자가 방출되지 않는다.
㉡ 진동수가 $2f$인 빛을 A에 비추면 방출되는 광전자의 최대 운동 에너지가 증가한다.
㉢ 일함수의 크기는 B가 A보다 크다.

① ㉠㉡
② ㉡㉢
③ ㉠㉢
④ ㉠㉡㉢

8 그림 (가)는 단원자 분자 이상 기체가 들어있는 실린더의 피스톤 위에 추 1개를 올려놓았을 때 피스톤이 정지해 있는 모습을, 그림 (나)는 동일한 추 1개를 더 올려놓아 이상 기체가 압축된 후 정지해 있는 모습을 나타낸 것이다. 이에 대한 설명으로 옳은 것만을 〈보기〉에서 있는 대로 고른 것은? (단, 열의 출입과 피스톤의 마찰은 무시한다.)

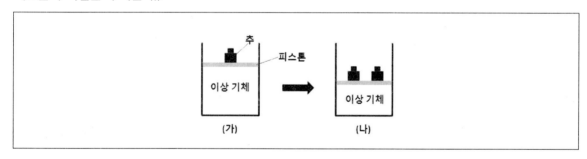

〈 보기 〉
㉠ 이상 기체의 내부 에너지는 (나)가 (가)보다 크다.
㉡ 이상 기체 분자의 평균 속력은 (나)가 (가)보다 크다.
㉢ 이상 기체의 압력은 (가)와 (나)가 같다.

① ㉠
② ㉡
③ ㉠㉡
④ ㉠㉡㉢

9 그림 (가)는 마찰이 없는 수평면에 놓인 물체 A와 B가 서로 접촉한 상태에서 6N의 힘이 A에 수평 방향으로 작용하는 모습을 나타낸 것이다. 그림 (나)는 힘이 작용한 순간부터 A의 운동량을 시간에 따라 나타낸 것이다. 0초에서 2초까지 A와 B의 운동에 대한 설명으로 옳은 것만을 〈보기〉에서 있는 대로 고른 것은? (단, 공기 저항은 무시한다.)

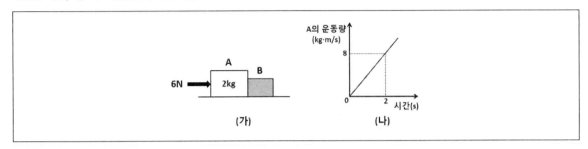

〈 보기 〉

ㄱ. A의 가속도의 크기는 $2m/s^2$이다.

ㄴ. B에 작용한 알짜힘의 크기는 2N이다.

ㄷ. B의 질량은 1kg이다.

① ㄱㄴ   ② ㄴㄷ

③ ㄱㄷ   ④ ㄱㄴㄷ

10 그림은 x축 상에 고정된 두 점전하 A, B와 x축 상의 점 p, q를 나타낸 것이다. p에서 전기장의 방향은 $-x$방향이고, q에서 전기장은 0이다. 이에 대한 설명으로 옳은 것만을 〈보기〉에서 있는 대로 고른 것은?

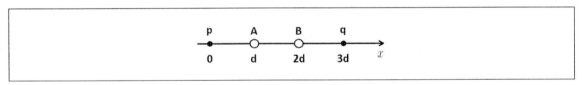

〈보기〉

ㄱ. A와 B의 전하의 종류는 같다.

ㄴ. B는 음($-$)전하이다.

ㄷ. A의 전하량의 크기는 B의 4배이다.

① ㄱㄴ   ② ㄴㄷ

③ ㄱㄷ   ④ ㄱㄴㄷ

11 아래의 ㈎와 ㈏는 생명 현상의 특성들을 제시한 것이다. 서로 관련이 깊은 항목끼리 옳게 짝지어진 것은?

㈎

A. 벼는 빛에너지를 흡수하여 포도당을 합성한다.
B. 선인장은 잎이 가시로 변해 건조한 환경에서 살기에 적합하다.
C. 미모사의 잎을 건드리면 잎이 접힌다.
D. 땅다람쥐는 여름에 체온을 37℃로 유지한다.

㈏

㉠ 살충제를 지속적으로 살포하면 살충제 저항성 모기가 증가한다.
㉡ 인슐린이 분비되어 혈당을 낮춘다.
㉢ 낙타는 혹 속의 지방을 분해하여 물과 에너지를 얻는다.
㉣ 지렁이에게 빛을 비추면 어두운 곳으로 이동한다.

① A-㉠ B-㉢ C-㉡ D-㉣
② A-㉢ B-㉠ C-㉣ D-㉡
③ A-㉡ B-㉢ C-㉣ D-㉠
④ A-㉣ B-㉠ C-㉢ D-㉡

12 다음은 정상인 부모와 어떤 유전병을 앓고 있는 아들 민수(2n = 46)에 대한 자료이다. 이에 대한 설명으로 옳은 것만을 〈보기〉에서 있는 대로 고른 것은? (단, 난자 형성시 비분리는 1회만 일어나며, 비분리 이외의 다른 돌연변이와 교차는 고려하지 않는다.)

• 정상 유전자 A와 유전병 유전자 A′는 7번 염색체에 있다.
• 민수 아버지의 유전자형은 AA이고, 민수 어머니는 AA′이다.
• 민수는 7번 염색체 쌍을 모두 어머니로부터, 그 외 나머지 염색체는 아버지와 어머니로부터 하나씩 받았다.
• 어머니의 난자 중 난자 a가 수정되어 민수가 태어났다.

〈보기〉

㉠ A′는 우성 유전자이다.
㉡ 민수의 유전병은 상염색체 유전이다.
㉢ 민수의 염색체 중 아버지로부터 받은 것은 22개이다.
㉣ 난자 a의 형성과정 중 감수 2분열에서 7번 염색 분체가 비분리되었다.

① ㉠㉡
② ㉢㉣
③ ㉠㉡㉣
④ ㉡㉢㉣

13 표 (가)는 세포 소기관 A~D가 가지는 특징 4가지의 유무를, 표 (나)는 특징 a~d를 순서 없이 나타낸 것이다. 이에 대한 설명으로 틀린 것만을 〈보기〉에서 있는 대로 고른 것은? (단 A~D는 각각 엽록체, 액포, 중심립, 핵 중 하나이다.)

(가)

소기관＼특징	a	b	c	d
A	O	X	O	X
B	O	X	X	O
C	X	O	X	X
D	X	X	X	O

(O : 있음, X : 없음)

(나)

특징(a, b, c, d)
○ 이중막으로 싸여있다.
○ 염색사를 가지고 있다.
○ 주로 동물에만 있다.
○ 주로 식물에만 있다.

〈보기〉
㉠ A는 생장, 생식, 유전 등 세포의 여러 생명 활동을 조절한다.
㉡ C는 세포 내에서 가장 크고 뚜렷하다.
㉢ B는 ATP를 생성하는 기관이다.
㉣ C는 단백질 합성에 관여한다.
㉤ D는 물, 당류, 색소, 노폐물 등을 저장한다.

① ㉠㉤　　　　　　　　　　　② ㉢㉣

③ ㉠㉡㉤　　　　　　　　　　④ ㉡㉢㉣

14 영철이는 두 가지 독감 백신 A와 B를 동시 접종받은 후 약 4주 후 독감균에 감염되었다. 이 과정에 나타난 항체의 농도 변화가 다음 그림과 같았다. 다음 설명 중에서 옳은 것만을 〈보기〉에서 있는 대로 고른 것은? (단, 독감 A의 항체는 항체 A, 독감 A의 백신은 백신 A이며, 독감 B의 항체는 항체 B, 독감 B의 백신은 백신 B이다.)

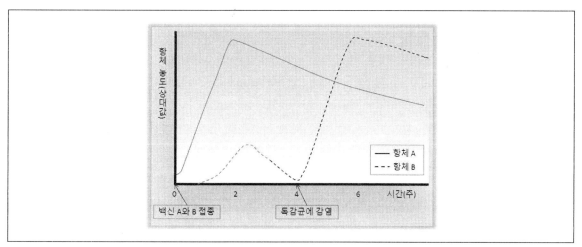

〈보기〉
㉠ 백신 A와 B는 두 독감의 항체이다.
㉡ 영철이는 백신 B만 접종하면 충분했다.
㉢ 독감 B는 면역이 잘 이루어지지 않는 종류이다.
㉣ 백신 접종 4주 후 영철이가 감염된 독감은 B형이다.

① ㉠㉣
② ㉡㉣
③ ㉠㉡㉢
④ ㉡㉢㉣

15 그림 (가)는 우리나라 중부지방 어느 산에서 산불 이후 천이 과정을, (나)는 해당 지역 천이 과정에서 일정 기간 동안의 식물군집 총생산량을 나타낸 것이다. 이에 대한 설명으로 옳은 것만을 〈보기〉에서 있는 대로 고른 것은? (단, A와 B는 각각 양수림과 음수림 중 하나이다.)

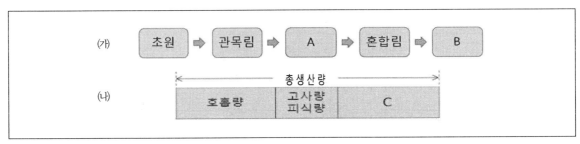

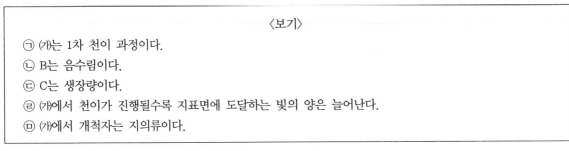

〈보기〉
ㄱ. (가)는 1차 천이 과정이다.
ㄴ. B는 음수림이다.
ㄷ. C는 생장량이다.
ㄹ. (가)에서 천이가 진행될수록 지표면에 도달하는 빛의 양은 늘어난다.
ㅁ. (가)에서 개척자는 지의류이다.

① ㄱㄹ
② ㄴㄷ
③ ㄱㄴㅁ
④ ㄴㄷㅁ

16 지구 환경 요소 간의 상호 작용에 대한 설명 중 옳은 것만을 〈보기〉에서 있는 대로 고른 것은?

〈보기〉
ㄱ. 해류의 발생 : 기권과 수권의 상호 작용
ㄴ. 화석 연료의 생성 : 생물권과 지권의 상호 작용
ㄷ. 해파에 의한 해안선의 변화 : 지권과 수권의 상호 작용
ㄹ. 엘니뇨 현상 : 지권과 수권의 상호 작용
ㅁ. 판의 운동, 대륙의 이동 : 수권과 지권의 상호 작용

① ㄱㄴㄷ
② ㄴㄷㄹ
③ ㄱㄷㄹㅁ
④ ㄱㄴㄷㅁ

17 그림 ㈎는 대기 중 이산화탄소의 농도 변화를, 그림 ㈏는 지구 온난화와 관련된 현상들의 순환경로를 나타낸 것이다. 이산화탄소 농도가 최근 30년 동안의 평균치를 계속 유지한다고 할 때 일어날 수 있는 현상을 〈보기〉에서 있는 대로 고른 것은?

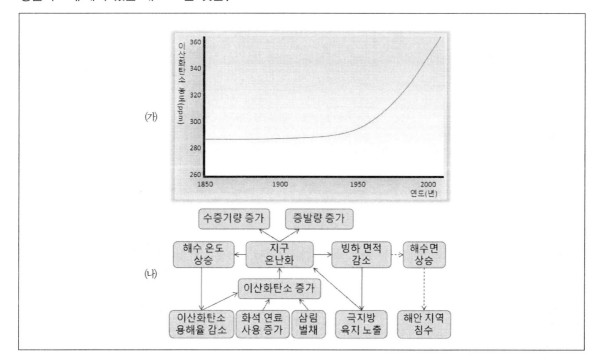

〈보기〉
㉠ 수증기량과 증발량의 증가로 강우량이 많아져 사막화 개선
㉡ 육지면적 감소
㉢ 극지방 반사율 증가로 대기 온도 추가 상승
㉣ 해수 온도 상승으로 해양 이산화탄소 농도 감소
㉤ 영구동토의 온도 상승으로 메테인(CH_4) 대기 방출 및 온난화 가속화

① ㉠㉡㉣
② ㉡㉣㉤
③ ㉠㉢㉣㉤
④ ㉡㉢㉣㉤

18 다음 그림은 성숙한 토양의 단면을 나타낸 것이다. 이에 대한 설명으로 옳은 것만을 〈보기〉에서 있는 대로 고른 것은?

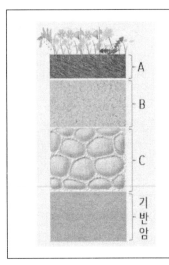

〈보기〉
ㄱ. A층은 B층보다 먼저 형성된다.
ㄴ. 토양 입자 중 가장 작은 입자인 점토는 B층에 가장 많다.
ㄷ. 미생물에 의한 양분의 가용화는 B층에서 가장 활발하다.
ㄹ. A층에는 산화철이 풍부하다.
ㅁ. 해당 지역 기반암이 석회암이고 중위도 고산 지대에 위치하고 있다면, 화학적 풍화보다는 기계적 풍화가 우세하다.

① ㄱㄴㅁ
② ㄴㄷㄹ
③ ㄱㄴㄷㄹ
④ ㄴㄷㄹㅁ

19 다음 중 독도에 관한 설명 중 가장 옳지 않은 것은?

① 울릉도가 생긴 후 만들어진 일종의 부속 섬으로 아직 토양이 발달하지 못해 식생이 빈약하다.
② 화산섬으로 해저 2,000m에서 솟아오른 용암이 굳어져 만들어졌다.
③ 독도 주변에는 천연가스와 물 분자가 결합한 가스 하이드레이트가 다량 매장되어 있을 것으로 추정된다.
④ 원래 하나였던 섬이 바람과 바다의 침식을 받아 동도와 서도로 나누어졌다.

20 그림 (가)는 태평양 가장자리 어느 지역의 판 경계 부근에서 최근 60년간 발생한 지진의 진앙 위치와 진원 깊이를, (나)는 (가)의 X-X′에 이르는 지형 단면을 나타낸 것이다. 이에 대한 설명으로 옳은 것만을 〈보기〉에서 있는 대로 고른 것은?

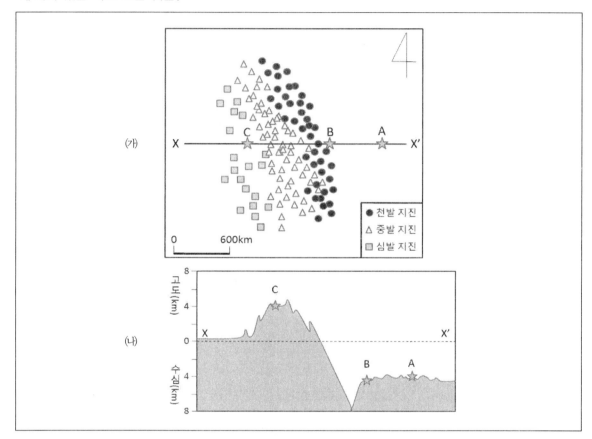

<보기>
㉠ B 지점의 지각은 A 지점의 지각보다 먼저 형성된다.
㉡ 화산활동은 B 지점에서 C 지점보다 활발하다.
㉢ C 지점에서는 변환 단층이 발달한다.
㉣ C 지점에서는 주로 안산암질 마그마가 분출한다.
㉤ B 지점은 C 지점보다 밀도가 높다.

① ㉠㉡㉤　　　　　　　　　　② ㉡㉢㉣
③ ㉠㉣㉤　　　　　　　　　　④ ㉢㉣㉤

1 그림은 사람 몸에 있는 각 기관계의 통합적 작용을 나타낸 것이다. (가)~(다)는 각각 배설계, 소화계, 호흡계 중 하나이다. 이에 대한 설명으로 〈보기〉에서 옳은 것만을 모두 고르면?

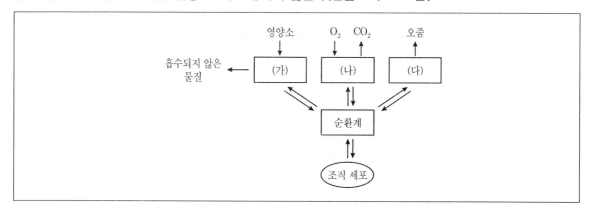

〈보기〉

ㄱ. (가)에서 암모니아가 요소로 전환된다.

ㄴ. 심장은 (나)에 속한다.

ㄷ. (다)는 배설계이다.

① ㄱ
② ㄴ
③ ㄱ, ㄷ
④ ㄴ, ㄷ

2 그림은 생태계를 구성하는 요소 사이의 상호 관계를 나타낸 것이다. ㉠~㉢은 각각 상호 작용, 작용, 반작용 중 하나이다. 이에 대한 설명으로 옳지 않은 것은?

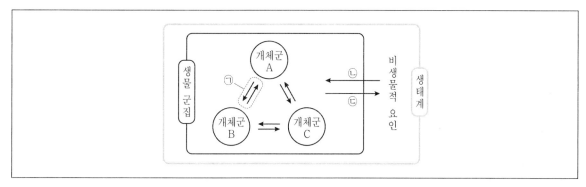

① 개체군 A는 2종 이상의 다른 종으로 구성되어 있다.

② ㉠은 상호 작용이다.

③ 기온이 낮아져 나뭇잎에 단풍이 드는 것은 ㉡에 해당한다.

④ 지렁이가 토양의 통기성을 높여주는 것은 ㉢에 해당한다.

3 그림은 어떤 사람의 핵형 분석 결과를 나타낸 것이다. 이에 대한 설명으로 옳지 않은 것은?

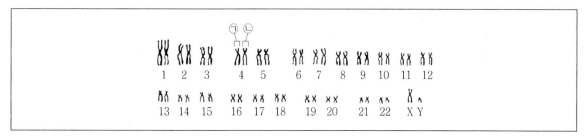

① ㉠은 ㉡의 상동 염색체이다.

② ㉡에는 히스톤 단백질이 있다.

③ 이 사람의 성염색체는 XY이다.

④ 이 핵형 분석 결과에서 관찰되는 상염색체의 염색 분체 수는 44이다.

4 그림 (가)는 어떤 뉴런을, (나)는 지점 P에 역치 이상의 자극을 준 후 지점 Q에서 일어난 막전위 변화를 나타낸 것이다. 이에 대한 설명으로 〈보기〉에서 옳은 것만을 모두 고르면?

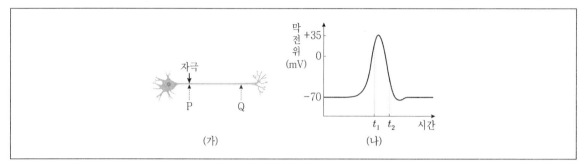

(가)　　　　　　(나)

〈보기〉

ㄱ. t_1과 t_2일 때 Q에서 Na^+의 농도는 모두 세포 안보다 세포 밖이 높다.

ㄴ. t_2일 때 Q에서 K^+은 이온 통로를 통해 세포 밖으로 확산된다.

ㄷ. Q에서 $\dfrac{Na^+의 \ 막 \ 투과도}{K^+의 \ 막 \ 투과도}$ 는 t_1일 때보다 t_2일 때가 크다.

① ㄱ   ② ㄷ

③ ㄱ, ㄴ   ④ ㄴ, ㄷ

5 다음은 사람 (가)와 (나)의 혈액에 대한 자료이다. 이에 대한 설명으로 〈보기〉에서 옳은 것만을 모두 고르면? (단, ABO식 혈액형만 고려한다)

• (가)의 혈액과 항 A 혈청을 섞었더니 응집 반응이 일어나지 않았다.
• (가)의 혈액과 항 B 혈청을 섞었더니 응집 반응이 일어났다.
• (가)의 적혈구와 (나)의 혈장을 섞었더니 응집 반응이 일어났다.
• (나)의 적혈구와 (가)의 혈장을 섞었더니 응집 반응이 일어나지 않았다.

〈보기〉

ㄱ. (가)의 혈액형은 A형이다.

ㄴ. (가)와 (나)의 혈장에는 모두 응집소 α가 있다.

ㄷ. (나)의 적혈구와 항 A 혈청을 섞으면 응집 반응이 일어나지 않는다.

① ㄱ   ② ㄷ

③ ㄱ, ㄴ   ④ ㄴ, ㄷ

6 그림은 외부 자기장의 변화에 따른 어떤 물질 내부의 원자 자석 배열 변화를 나타낸 것이다. 이 물질의 자기적 성질에 대한 설명으로 옳지 않은 것은?

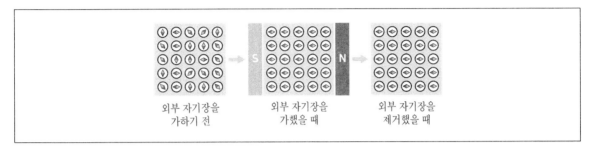

① 외부 자기장을 가하기 전에는 자석 효과가 나타나지 않는다.

② 철, 니켈, 코발트는 이와 같은 자기적 성질을 갖는다.

③ 이 물질의 원자 자석은 외부 자기장의 방향과 같은 방향으로 정렬된다.

④ 초전도체의 마이스너 효과는 이와 같은 자기적 성질에 의해 나타난다.

7 그림은 입사각 θ_1로 매질 B와 매질 C의 경계면에 입사한 빛이 전반사한 뒤, 매질 B와 매질 A의 경계면에서 굴절각 θ_2로 굴절하여 진행하는 것을 나타낸 것이다. A, B, C의 굴절률을 각각 n_A, n_B, n_C라 할 때, 이들의 크기를 옳게 비교한 것은? (단, $\theta_1 > \theta_2$ 이다)

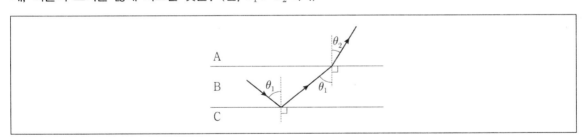

① $n_A > n_B > n_C$

② $n_A > n_C > n_B$

③ $n_B > n_A > n_C$

④ $n_C > n_B > n_A$

8 그림은 일정량의 이상 기체가 상태 A→B→C를 따라 변할 때, 이 이상 기체의 압력과 부피를 나타낸 것이다. 이에 대한 설명으로 옳은 것은?

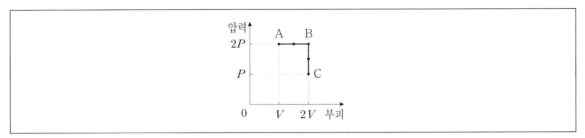

① 기체의 온도는 A에서가 B에서보다 높다.

② A→B에서 기체가 외부에 한 일은 PV이다.

③ B→C에서 기체는 열을 방출한다.

④ B→C에서 기체가 외부에 한 일은 PV이다.

9 그림은 지면으로부터 높이 h인 곳에서 가만히 놓은 물체가 점 P, Q를 지나며 운동하는 모습을 나타낸 것이다. P에서 물체의 중력 퍼텐셜 에너지는 운동 에너지의 2배이고, Q에서 물체의 운동 에너지는 P에서 운동 에너지의 2배이다. P와 Q의 높이 차이는? (단, 물체의 크기 및 공기 저항은 무시한다)

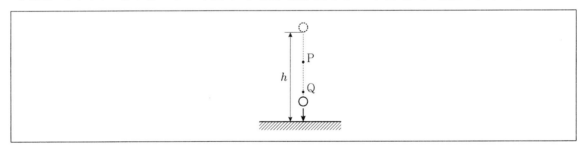

① $\dfrac{h}{5}$
② $\dfrac{h}{4}$

③ $\dfrac{h}{3}$
④ $\dfrac{2h}{5}$

10 그림은 직선상에서 운동하는 질량이 2kg인 물체의 운동량을 시간에 따라 나타낸 것이다. 이에 대한 설명으로 〈보기〉에서 옳은 것만을 모두 고르면?

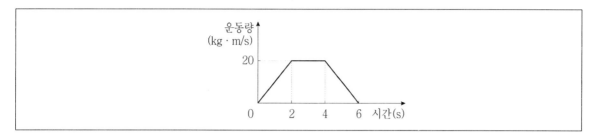

<보기>

ㄱ. 0 ~ 2초 동안 물체의 가속도의 크기는 5m/s²이다.

ㄴ. 2 ~ 4초 동안 물체는 등속 직선 운동을 한다.

ㄷ. 0 ~ 6초 동안 물체가 받은 충격량은 20N · s이다.

① ㄱ

② ㄱ, ㄴ

③ ㄴ, ㄷ

④ ㄱ, ㄴ, ㄷ

11 그림은 서로 다른 퇴적 환경에서 형성된 퇴적 구조의 단면을 나타낸 것이다. 이에 대한 설명으로 옳은 것은?

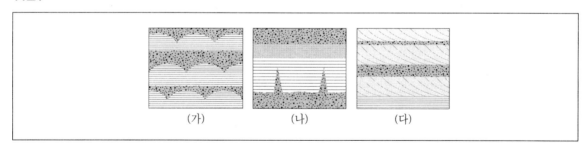

① (가)는 점이 층리이다.

② (나)는 수심이 깊은 바다에서 잘 형성되는 퇴적 구조이다.

③ (다)에서 과거에 물이 흘렀던 방향이나 바람이 불었던 방향을 알 수 있다.

④ (다)는 지층이 역전된 것이다.

12 그림은 판의 경계를 모식적으로 나타낸 것이다. 이에 대한 설명으로 옳은 것은?

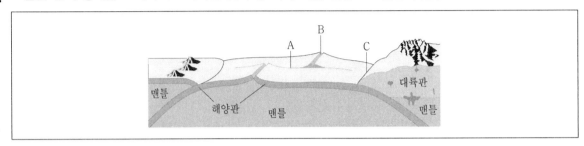

① 경계 A에서는 천발 지진이 발생한다.

② B는 해구이다.

③ C는 맨틀 상승부로 발산형 경계에 속한다.

④ 해양판과 대륙판이 만나는 섭입대에서는 C 부근에서 대륙 쪽으로 갈수록 지진의 진원 깊이가 얕아진다.

13 그림은 외계 행성을 탐사하는 방법 중 하나를 나타낸 것이다. 이에 대한 설명으로 〈보기〉에서 옳은 것만을 모두 고르면?

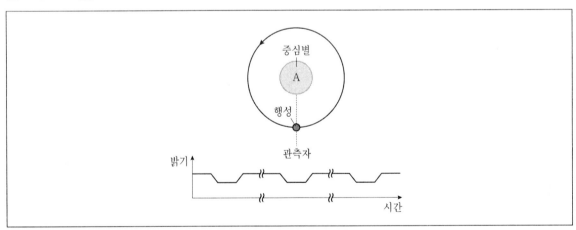

〈보기〉

ㄱ. 미세 중력 렌즈 효과를 이용한 행성 탐사 방법이다.

ㄴ. 그래프는 행성의 공전에 의한 중심별 A의 밝기 변화를 시간에 따라 관측한 결과이다.

ㄷ. 이 탐사 방법은 행성의 공전 궤도면이 관측자의 시선 방향에 수직에 가까울수록 관측에 더 유리하다.

① ㄱ   ② ㄴ

③ ㄱ, ㄷ   ④ ㄴ, ㄷ

14 그림은 기후 변화의 지구 외적 요인 중 하나를 나타낸 것으로, ㈎는 현재의 지구 공전 궤도와 지구 자전 축 경사 방향을, ㈏는 이 지구 외적 요인에 의해 지구 자전축 경사 방향이 현재와 반대로 변화한 모습을 나타낸 것이다. 이에 대한 설명으로 옳지 않은 것은? (단, 지구 자전축 경사 방향의 변화 이외는 고려하 지 않는다)

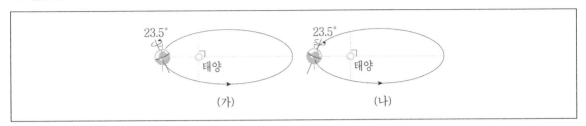

① ㈎에서 ㈏로 변하는 기후 변화의 지구 외적 요인은 세차 운동이다.

② ㈎의 경우 근일점에서 우리나라는 겨울철이다.

③ ㈎의 지구 자전축 경사 방향은 약 13,000년이 지나면 ㈏로 변한다.

④ 북위 30° 지역에서 기온의 연교차는 ㈎가 ㈏보다 크다.

15 그림 ㈎는 수소 원자의 가시광선 영역의 선 스펙트럼을, ㈏는 수소 원자 오비탈의 주양자수(n)에 따른 에너지 준위와 전자 전이 A ~ C를 나타낸 것이다. 이에 대한 설명으로 옳지 않은 것은?

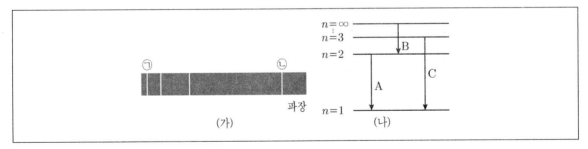

① ㉠의 에너지는 ㉡의 에너지보다 크다.

② A 전이로 ㉡이 관찰된다.

③ C 전이는 라이먼 계열이다.

④ 전이에서 방출되는 빛의 파장은 A보다 B가 길다.

16 그림 (가)는 어느 태풍 중심의 이동 경로를, (나)는 이 태풍 중심이 이동하는 동안 우리나라의 어떤 관측소에서 측정한 풍향이 북동풍(NE)에서 북서풍(NW)으로 변화한 것을 나타낸 것이다. 이에 대한 설명으로 〈보기〉에서 옳은 것만을 모두 고르면?

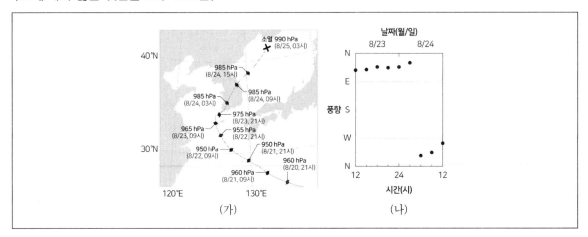

(가) (나)

〈보기〉

ㄱ. (나)의 관측소는 태풍 중심이 진행하는 경로의 왼쪽에 위치하였다.

ㄴ. 8월 24일 03시에 관측된 기상 위성의 가시 영상에서 이 태풍은 밝게(희게) 보였다.

ㄷ. 이 기간 동안 북태평양 고기압이 더욱 강해졌다면 태풍 중심의 이동 경로는 (가)의 이동 경로보다 동쪽으로 치우쳤을 것이다.

① ㄱ
② ㄷ
③ ㄱ, ㄴ
④ ㄴ, ㄷ

17 다음 분자들을 중심 원자의 결합각이 큰 것부터 순서대로 옳게 나열한 것은?

$$BeCl_2 \quad H_2O \quad NH_3 \quad BCl_3 \quad CF_4$$

① $BeCl_2$, BCl_3, CF_4, NH_3, H_2O
② $BeCl_2$, H_2O, BCl_3, NH_3, CF_4
③ H_2O, $BeCl_2$, NH_3, BCl_3, CF_4
④ H_2O, NH_3, $BeCl_2$, CF_4, BCl_3

18 그림의 (가)~(다)는 25℃에서 1 M Ca(OH)$_2$ 수용액과 1 M HCl 수용액을 다양한 부피비로 혼합한 용액을 나타낸 것이다. 이에 대한 설명으로 〈보기〉에서 옳은 것만을 모두 고르면?

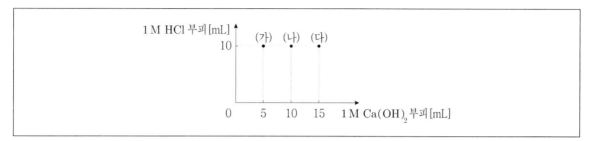

〈보기〉
ㄱ. (가)에 브로모티몰 블루(BTB)를 소량 가하면 노란색이 된다.
ㄴ. 총 이온 수는 (나)가 (가)의 2배이다.
ㄷ. 혼합할 때 생성된 물의 양은 (나)보다 (다)가 많다.

① ㄱ   ② ㄴ
③ ㄱ, ㄷ   ④ ㄴ, ㄷ

19 그림은 마그네슘(Mg)과 관련된 화학 반응 (가)~(다)를 나타낸 것이다. 이에 대한 설명으로 옳은 것은?

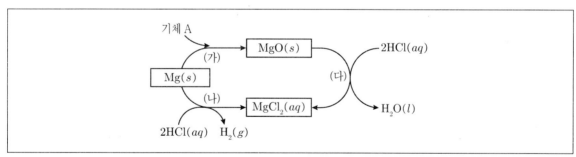

① (가)~(다) 모두 산화 환원 반응이다.
② (가)에서 기체 A는 산화된다.
③ (나)에서 H의 산화수는 감소한다.
④ (다)에서 MgO는 환원제이다.

20 표는 일정 온도와 압력에서 기체 시료 (가)와 (나)에 대한 자료이다. 이에 대한 설명으로 옳은 것은? (단, X ~ Z는 임의의 원소 기호이다)

기체 시료	분자식	부피	질량
(가)	XY_3	V	m
(나)	Y_2Z_2	$2V$	$4m$

① 원자량은 X가 Z보다 크다.

② 분자량은 XY_3가 Y_2Z_2보다 크다.

③ 총 원자 수는 (나)가 (가)의 4배이다.

④ 질량 1g에 포함된 총 원자 수는 XY_3가 Y_2Z_2의 2배이다.

☞ 정답 및 해설 P.41

1 그림은 사람의 세포 호흡 과정과 이 과정에서 생성된 ATP가 생명 활동에 사용되는 과정을 나타낸 것이다. ㉠과 ㉡은 각각 O_2와 CO_2 중 하나이다. 이에 대한 설명으로 옳지 않은 것은?

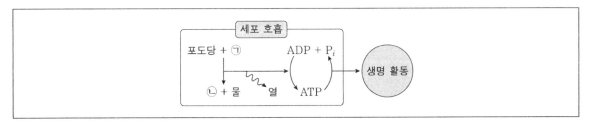

① ㉠은 O_2, ㉡은 CO_2이다.

② 세포 호흡은 동화 작용이다.

③ 근육 운동을 할 때 ATP가 사용된다.

④ ATP가 ADP와 무기인산(Pi) 1분자로 분해될 때 1몰당 약 7.3kcal의 에너지가 방출된다.

2 그림은 식물 군집의 천이 과정을 나타낸 것이다. 이에 대한 설명으로 옳은 것은?

① A는 음수림이다.

② 2차 천이를 나타낸 것이다.

③ B에서 극상을 이룬다.

④ 천이 과정에서 개척자는 초원이다.

3 그림은 형질 Ⓐ에 대한 가계도를 나타낸 것이다. 이에 대한 설명으로 옳은 것은? (단, 돌연변이는 고려하지 않는다.)

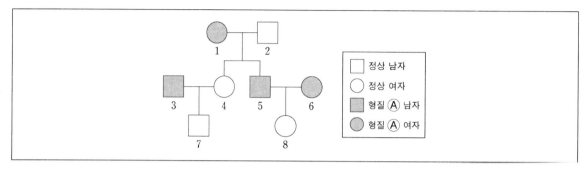

① 1과 3의 형질 Ⓐ 유전자형은 서로 다르다.

② 형질 Ⓐ 유전자는 성염색체에 있다.

③ 4의 형질 Ⓐ 유전자형은 우성 순종이다.

④ 7의 동생이 태어날 때, 이 아이가 형질 Ⓐ를 가질 확률은 $\frac{1}{2}$이다.

4 사람의 생식 세포 분열 과정의 일부를 나타낸 것이다. 이에 대한 설명으로 옳은 것만을 〈보기〉에서 있는 대로 고른 것은? (단, 돌연변이는 고려하지 않는다.)

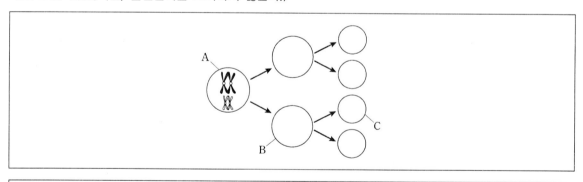

〈보기〉

ㄱ. A에서 B가 될 때 염색 분체가 분리된다.

ㄴ. B와 C의 세포 1개당 DNA 양은 같다.

ㄷ. B와 C의 핵상은 모두 n이다.

① ㄱ   ② ㄷ

③ ㄱ, ㄴ   ④ ㄴ, ㄷ

5 그림은 항원 X와 Y가 사람에게 침입했을 때 시간에 따른 혈중 항체 X와 Y의 농도를 나타낸 것이다. 이에 대한 설명으로 옳은 것은?

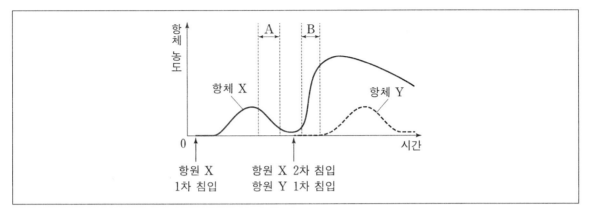

① 구간 A에서는 항체 Y의 기억 세포가 존재한다.

② 항체 X와 항체 Y는 서로 다른 형질 세포에서 생성된다.

③ 항원 X의 1차 침입 시 항체가 빠른 속도로 즉시 만들어진다.

④ 구간 B에서 항체 X의 양이 증가한 것은 항원 X와 항원 Y가 동시에 침입하였기 때문이다.

6 퇴적암에 대한 설명으로 옳은 것은?

① 역암은 유기적 퇴적암에 해당한다.

② 화산재가 쌓여서 만들어진 퇴적암은 응회암이다.

③ 해수 중의 탄산염 성분이 침전하여 처트가 만들어진다.

④ 셰일, 역암, 사암 중 입자의 크기는 셰일이 가장 크다.

7 그림 (가)와 (나)는 두 지역의 판의 경계와 이동 방향을 나타낸 것이다. 이에 대한 설명으로 옳은 것은?

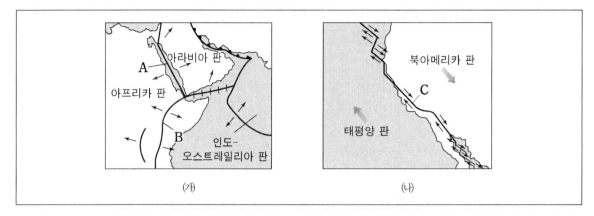

(가)   (나)

① A는 판의 수렴형 경계에 해당한다.

② B에서는 심발 지진이 활발하게 일어난다.

③ C에서는 화산 활동이 거의 일어나지 않는다.

④ A, B, C 중 산안드레아스 단층은 B 부근에 위치한다.

8 그림은 북반구의 대기 대순환과 지표면 위의 세 지역 (가), (나), (다)를 나타낸 것이다. 이에 대한 설명으로 옳은 것은?

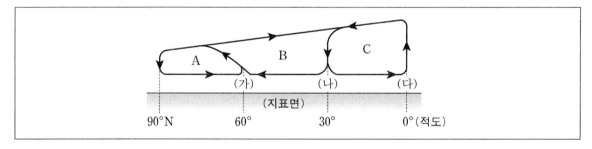

① 간접 순환은 A와 C이다.

② 페렐 순환은 B이다.

③ 저압대가 형성된 지역은 (나)이다.

④ C 순환의 지표면에서 부는 바람은 편서풍이다.

9 그림은 우리나라 부근의 해류 분포를 나타낸 것이다. A, B 두 해류에 대한 설명으로 옳지 않은 것은?

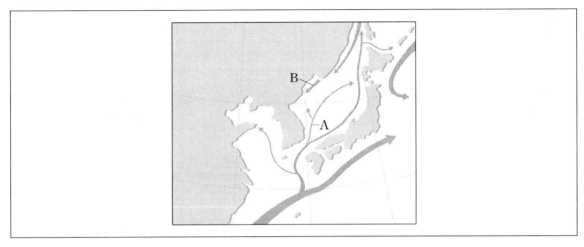

① A는 쿠로시오 해류에서 갈라져 나온 해류이다.

② B는 리만 해류에서 갈라져 나온 해류이다.

③ A는 B보다 수온과 염분이 모두 높다.

④ 동해상에서 조경수역의 위치는 여름철에는 남하하고 겨울철에는 북상한다.

10 그림은 태양과 여러 별들을 H-R도에 나타낸 것이다. 이에 대한 설명으로 옳은 것은?

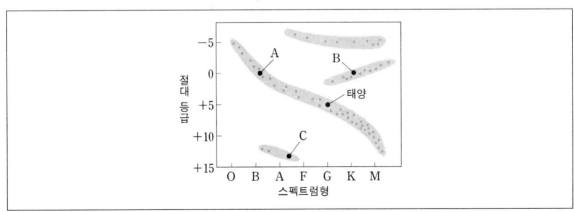

① A는 태양보다 질량이 크다.　　　　② B는 백색 왜성이다.

③ C는 적색 거성이다.　　　　④ A, B, C 중 광도가 가장 큰 별은 C이다.

11 몰(mol)에 대한 설명으로 옳지 않은 것은? (단, H, C, O의 원자량은 각각 1, 12, 16이고, 1몰의 아보가드로수는 6.02×10^{23}이다.)

① 물(H_2O) 1몰의 질량은 18g이다.

② 수소(H_2)분자 3.01×10^{23}개의 질량은 1g이다.

③ 산소(O_2) 32g에 들어 있는 산소 분자의 몰수는 1몰이다.

④ 메테인(CH_4) 2몰에 들어 있는 수소 원자의 질량은 4g이다.

12 표는 몇 가지 원소의 바닥상태 전자 배치를 나타낸 것이다. 이온 결합을 형성하고 있는 물질은? (단, A~E는 임의의 원소 기호이다.)

원소	전자 배치
A	$1s^1$
B	$1s^2\,2s^2\,2p^2$
C	$1s^2\,2s^2\,2p^4$
D	$1s^2\,2s^2\,2p^6\,3s^1$
E	$1s^2\,2s^2\,2p^6\,3s^2\,3p^5$

① DE

② BC_2

③ BA_4

④ AE

13 그림은 주 양자수(n)가 2인 오비탈을 나타낸 것이다. (가), (나)에 대한 설명으로 옳지 않은 것은?

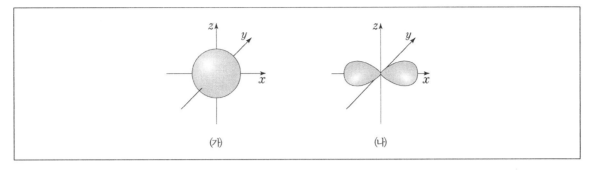

① (가)는 s 오비탈, (나)는 p 오비탈이다.

② 수소 원자에서 (가)와 (나)의 에너지 준위는 같다.

③ (가)와 (나)에 채워질 수 있는 최대 전자 수는 같다.

④ (가)와 (나)에서 원자핵으로부터 같은 거리에 있으면 전자가 발견될 확률이 같다.

14 다음은 몇 가지 화합물의 화학식이다. 이에 대한 설명으로 옳은 것만을 〈보기〉에서 있는 대로 고른 것은?

H_2O, CH_4, NH_3, BCl_3

〈보기〉

ㄱ. 결합각이 가장 큰 화합물은 CH_4이다.

ㄴ. 굽은형 구조인 화합물은 H_2O이다.

ㄷ. 분자의 쌍극자 모멘트가 0인 화합물은 H_2O, NH_3이다.

① ㄴ   ② ㄷ

③ ㄱ, ㄴ   ④ ㄱ, ㄷ

15 다음 반응에 대한 설명으로 옳지 않은 것은?

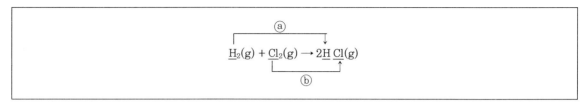

① H_2는 산화제이다.

② ⓐ 과정에서 산화수는 증가한다.

③ 전체 반응에서 산화 환원 반응이 일어난다.

④ ⓑ 과정에서 Cl_2는 환원된다.

16 영이는 동쪽으로 8m/s의 속력으로, 웅이는 서쪽으로 7m/s의 속력으로 달리고 있다. 영이에 대한 웅이의 상대속도는 몇 m/s인가?

① 서쪽으로 15m/s

② 동쪽으로 15m/s

③ 서쪽으로 1m/s

④ 동쪽으로 1m/s

17 자동차 A는 속력 v로 오른쪽으로 이동하다가 벽에 부딪친 후 정지하였다. 자동차 B는 속력 v로 오른쪽으로 이동하다가 벽에 부딪쳐 왼쪽으로 $\frac{v}{2}$의 속력으로 튕겨나갔다. A, B의 질량은 모두 m이다. 이에 대한 설명으로 옳은 것은?

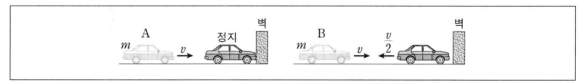

① A의 충돌 전후, 운동량의 변화량의 크기는 $2mv$이다.

② B의 충돌 전후, 운동량의 변화량의 크기는 $\frac{1}{2}mv$이다.

③ 충돌 전후, 운동량의 변화량의 크기가 클수록 자동차가 받는 충격량의 크기가 크다.

④ 충격량의 크기는 B보다 A가 크다.

18 400회 감긴 코일에 2초당 10 Wb씩 자기선속이 변하고 있다. 주어진 코일의 유도기전력 크기는 몇 V인가?

① 0.05V

② 80V

③ 200V

④ 2,000V

19 그림은 소음을 제거하는 헤드폰의 원리를 간단히 나타낸 것이다. 이에 대한 설명으로 옳은 것만을 〈보기〉에서 있는 대로 고른 것은?

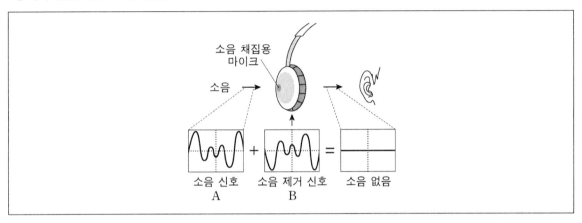

〈보기〉

ㄱ. 파동의 간섭 현상을 이용한다.

ㄴ. 소음 채집용 마이크에서는 전기 신호를 소리 신호로 변환시킨다.

ㄷ. 소음 신호 A의 위상과 소음 제거 신호 B의 위상은 반대이다.

① ㄱ

② ㄱ, ㄴ

③ ㄱ, ㄷ

④ ㄴ, ㄷ

20 다음은 전자 현미경에 관한 설명이다. 이에 대한 설명으로 옳은 것은? (단, m은 전자의 질량, v는 전자의 속도, h는 플랑크 상수이다.)

> • 가속된 전자를 이용하는 전자 현미경은 광학 현미경보다 높은 분해능의 상을 볼 수 있다.
> • 분해능은 빛이나 물질파의 파장이 짧을수록 높아진다.
> • 전자의 드브로이 파장 $\lambda = \dfrac{h}{mv}$ 의 관계를 가진다.
> ※ 분해능 : 서로 떨어져 있는 두 물체를 구분할 수 있는 능력

① 전자 현미경은 일반적으로 광학 현미경보다 낮은 배율의 상을 얻는다.
② 전자의 드브로이 파장은 가시광선의 파장보다 길다.
③ 전자 현미경은 전자의 파동성을 이용한다.
④ 전자의 운동량이 증가하면 분해능이 낮아진다.

☞ 정답 및 해설 P.44

1 그림은 생태계 ㈎와 ㈏에서 생산자, 1차 소비자, 2차 소비자의 에너지양을 상댓값으로 나타낸 생태 피라미드이다. 이에 대한 설명으로 옳지 않은 것은?

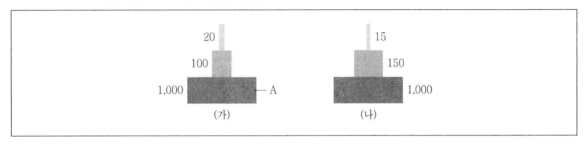

① A는 생산자이다.

② ㈎의 1차 소비자의 에너지 효율은 10%이다.

③ ㈏는 상위 영양 단계로 갈수록 에너지 효율이 증가한다.

④ ㈎의 1차 소비자와 ㈏의 2차 소비자는 에너지 효율이 같다.

2 그림 ㈎는 물질대사를, ㈏는 물질의 전환을 나타낸 것이다. A와 B는 각각 세포 호흡과 광합성 중 하나이고, ㉠과 ㉡은 ATP와 ADP 사이의 전환을 나타낸 것이다. 이에 대한 설명으로 옳은 것은?

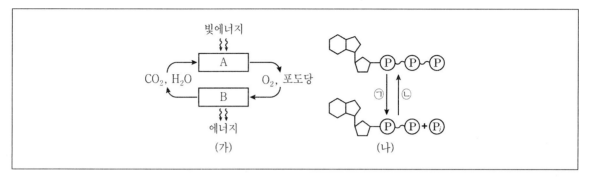

① A는 세포 호흡이다.

② $Na^+ - K^+$ 펌프의 작동에는 ㉠이 필요하다.

③ B의 결과로 방출된 에너지는 전부 ㉡에 사용된다.

④ ㉡이 일어날 때 에너지가 방출된다.

3 그림은 근육 원섬유의 일부를 나타낸 것이다. ㉠은 액틴 필라멘트와 마이오신 필라멘트 중 하나이고, ㈎~㈐는 각각 A대, H대, I대 중 하나이다. 이에 대한 설명으로 〈보기〉에서 옳은 것만을 모두 고르면?

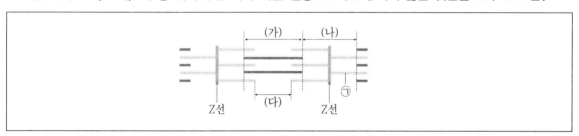

〈보기〉

ㄱ. ㉠은 액틴 필라멘트이다.

ㄴ. ㈏는 I대로, 근육이 수축하면 짧아진다.

ㄷ. ㈐는 A대로, 근육이 수축해도 길이의 변화가 없다.

ㄹ. 현미경으로 관찰하면 ㈎가 ㈏보다 밝게 보인다.

① ㄱ, ㄴ   ② ㄱ, ㄷ

③ ㄴ, ㄹ   ④ ㄷ, ㄹ

4 그림은 체액의 삼투압 조절 과정의 일부를 나타낸 것이며, A와 B는 각각 호르몬과 기관이다. 이에 대한 설명으로 옳은 것은?

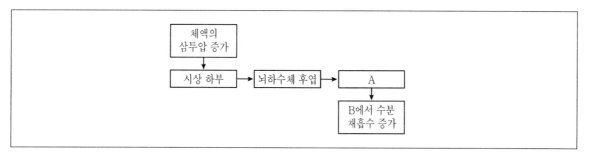

① 호르몬 A는 티록신이다.

② 호르몬 A가 작용하는 기관 B는 방광이다.

③ 호르몬 A의 분비가 증가하면 오줌량이 감소한다.

④ 땀을 많이 흘려 체액의 삼투압이 올라가면 호르몬 A의 분비가 억제된다.

5 그림은 핵형이 정상인 어떤 남자의 생식 세포 형성 과정을, 표는 세포 ㉠~㉢의 총 염색체 수와 Y 염색체 수를 나타낸 것이다. 이 과정에서 염색체 비분리는 1회 일어났으며, ㉠~㉢은 Ⅰ~Ⅲ을 순서 없이 나타낸 것이다. 이에 대한 설명으로 옳은 것은? (단, 제시된 염색체 비분리 이외의 돌연변이는 고려하지 않으며, Ⅰ은 중기의 세포이다)

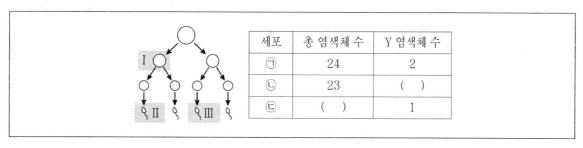

세포	총 염색체 수	Y 염색체 수
㉠	24	2
㉡	23	( )
㉢	( )	1

① ㉠은 Ⅲ이다.

② ㉡의 Y 염색체 수는 1이다.

③ ㉢의 총 염색체 수는 24이다.

④ 염색체 비분리는 감수 2분열에서 일어났다.

6 일정한 세기의 전류가 흐르는, 무한히 가늘고 긴 직선 도선으로부터 수직 거리 $2r$만큼 떨어진 지점에서 전류에 의한 자기장의 크기가 B일 때, 이 도선으로부터 수직 거리 $3r$만큼 떨어진 곳에서 전류에 의한 자기장의 크기는?

① $\dfrac{1}{3}B$　　　　　　　　　　　　② $\dfrac{1}{2}B$

③ $\dfrac{2}{3}B$　　　　　　　　　　　　④ $\dfrac{3}{2}B$

7 그림은 불순물을 첨가한 반도체 X, Y를 접합하여 만든 p–n 접합 다이오드를 전지에 연결하였을 때 전구에 불이 계속 켜져 있는 것을 나타낸 것이다. 이에 대한 설명으로 옳은 것은?

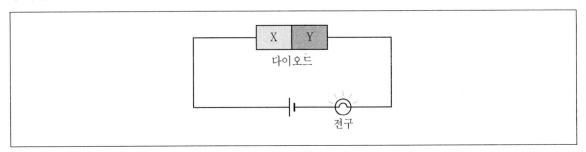

① 반도체 X는 p형 반도체이다.

② 반도체 Y에 있는 전자는 반도체 X와의 접합면으로부터 멀어지는 방향으로 이동한다.

③ 전지의 방향을 반대로 연결하여도 전구에 불이 계속 켜진다.

④ 반도체 Y에서는 주로 양공들이 전하를 운반하는 역할을 한다.

8 그림은 어느 금속 표면에 세 종류의 빛을 쪼여 줄 때, 쪼여 주는 광자 한 개의 에너지와 방출되는 광전자의 최대 운동에너지를 나타낸 것이다. 이에 대한 설명으로 옳지 않은 것은?

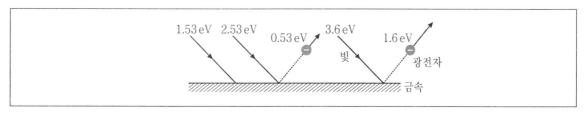

① 빛의 입자성을 확인할 수 있는 실험이다.

② 금속의 일함수는 2eV이다.

③ 1.53eV인 빛의 세기를 더 크게 해서 쪼여 주어도 광전자가 방출되지 않는다.

④ 4.5eV의 광자 1개가 금속 표면에 부딪치면 광전자 2개가 방출된다.

9 그림은 일정량의 이상 기체의 상태가 A→B→C→A를 따라 변할 때 압력과 부피를 나타낸 것이다. A→B는 등압과정, B→C는 단열과정, C→A는 등온과정이다. 이에 대한 설명으로 옳지 않은 것은? (단, 그림에서 A, B의 온도는 각각 T_1, T_2이며, 점선은 각각 T_1, T_2의 등온 곡선이고 $T_1 < T_2$ 이다)

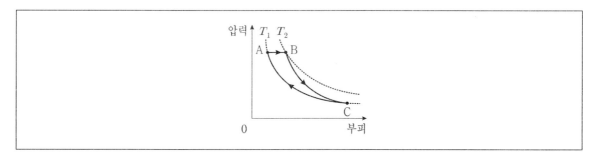

① A→B 과정에서 기체의 내부에너지는 증가한다.

② A→B 과정에서 기체는 외부로부터 열을 흡수한다.

③ B→C 과정에서 기체의 내부에너지가 증가한다.

④ A→B→C 과정에서 기체가 외부에 한 일은 C→A 과정에서 기체가 외부에서 받는 일보다 크다.

10 그림과 같이 수평면으로부터 높이가 1.8m인 곳에서 질량이 4kg인 물체 A가 경사면을 따라 내려와 수평면에 정지해 있던 물체 B와 충돌하였다. 충돌 후 A와 B는 한 덩어리가 되어 반대쪽 경사면에서 수평면으로부터 높이가 0.8m인 곳까지 올라 순간적으로 멈췄다. B의 질량[kg]은? (단, 중력가속도는 10m/s²이고, 바닥과의 마찰 및 공기 저항과 물체 크기는 무시한다)

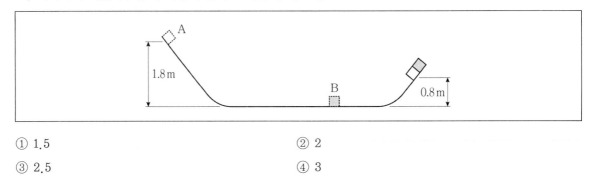

① 1.5   ② 2

③ 2.5   ④ 3

11 그림은 선캄브리아 시대, 고생대, 중생대, 신생대를 지질 시대의 상대적인 길이에 따라 구분하여 A ~ D로 순서 없이 나타낸 것이다. 이에 대한 설명으로 옳은 것은?

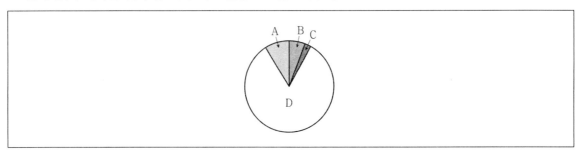

① 최초의 육상 식물이 출현한 시대는 A이다.
② 오존층이 처음으로 형성된 시대는 B이다.
③ 한반도에 공룡이 번성했던 시대는 C이다.
④ 포유류가 번성한 시대는 D이다.

12 그림은 두 대륙 A와 B에서 측정한 과거 3억 년 전부터 현재까지 자북극의 겉보기 이동 경로를 나타낸 것이다. 이에 대한 설명으로 〈보기〉에서 옳은 것만을 모두 고르면?

ⓗ: B에서 측정한 자북극의 겉보기 이동 경로
ⓒ: A에서 측정한 자북극의 겉보기 이동 경로

〈보기〉

ㄱ. 3억 년 전에는 자북극이 2개였다.

ㄴ. 1억 년 전에는 A와 B가 붙어 있었다.

ㄷ. ㉠과 ㉡이 겹치지 않는 것은 대륙이 이동했기 때문이다.

① ㄱ

② ㄷ

③ ㄱ, ㄴ

④ ㄴ, ㄷ

13 표는 우리나라 A 지역을 통과하는 온대 저기압에 동반된 두 전선 (가)와 (나)의 특징을 나타낸 것이다. 이에 대한 설명으로 옳은 것은?

(가)	(나)
따뜻한 공기가 찬 공기 위로 오르면서 생기는 전선	찬 공기가 따뜻한 공기를 파고들면서 생기는 전선

① (가)가 통과하고 나면 기온이 높아진다.

② 전선면의 기울기는 (가)가 (나)보다 급하다.

③ 전선의 이동 속도는 (가)가 (나)보다 빠르다.

④ A 지역을 먼저 통과하는 전선은 (나)이다.

14 표는 주계열성인 두 별 A와 B의 물리량을 비교하여 나타낸 것이다. 이에 대한 설명으로 〈보기〉에서 옳은 것만을 모두 고르면?

구분	A	B
절대 등급	6.2	0.6
표면 온도(K)	5,000	10,000

〈보기〉
ㄱ. 광도는 A가 B보다 크다.
ㄴ. 질량은 B가 A보다 크다.
ㄷ. 반지름은 A가 B보다 크다.

① ㄱ   ② ㄴ

③ ㄱ, ㄷ   ④ ㄴ, ㄷ

15 표는 기후 변화를 일으키는 지구 외적 요인 A와 B를 나타낸 것이며, 현재 북반구는 지구가 근일점 부근에 있을 때 겨울철이다. 이에 대한 설명으로 〈보기〉에서 옳은 것만을 모두 고르면? (단, A와 B 요인 외다른 요인은 고려하지 않는다)

구분	외적 요인
A	지구 자전축의 경사각이 현재보다 커짐
B	지구 공전 궤도 이심률이 현재보다 작아짐

〈보기〉
ㄱ. A의 경우 북반구 중위도에서 여름 기온은 더 상승한다.
ㄴ. B의 경우 지구 공전 궤도는 현재보다 원 궤도에 가까워진다.
ㄷ. A와 B의 경우 모두 북반구 중위도에서 기온의 연교차가 작아진다.

① ㄱ   ② ㄷ

③ ㄱ, ㄴ   ④ ㄴ, ㄷ

16 표는 중성 원자 (가)~(다)의 바닥 상태 전자 배치에 대한 자료이다. 이에 대한 설명으로 옳은 것은?

중성 원자	(가)	(나)	(다)
s 오비탈의 전자 수	w	3	4
p 오비탈의 전자 수	6	x	3
홀전자 수	1	y	z

① w와 z의 합은 6이다.

② x와 y는 같다.

③ (가)와 (나)는 같은 족의 원소이다.

④ (가)와 (다)는 같은 주기의 원소이다.

17 그림은 화합물 XY와 YZ_2의 결합 모형을 나타낸 것이다. 이에 대한 설명으로 옳은 것은? (단, X~Z는 임의의 원소 기호이다)

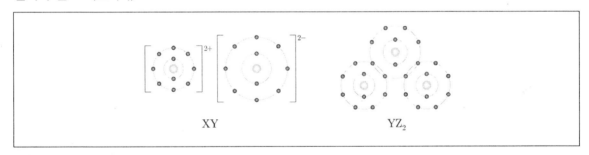

XY YZ_2

① 원자 번호는 Y가 Z보다 크다.

② Y_2 분자는 3중 결합을 갖는다.

③ Z_2 분자는 $\dfrac{\text{비공유 전자쌍 수}}{\text{공유 전자쌍 수}}$가 6이다.

④ X와 Z 사이의 화합물은 공유 결합 물질이다.

18 그림은 원자 번호가 연속인 2주기 원소 (가)~(라)의 원자 반지름과 이온화 에너지를 나타낸 것이다. 이에 대한 설명으로 옳은 것은?

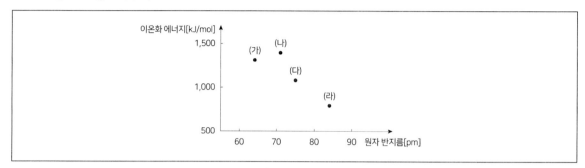

① (가)~(라) 중 금속 원소는 1개이다.

② 원자 번호는 (라)가 (다)보다 크다.

③ 전기 음성도는 (나)가 (가)보다 크다.

④ 원자가 전자의 유효 핵전하는 (가)가 (나)보다 크다.

19 표는 $aXY + bY_2 \rightarrow cXY_2$ 반응의 전과 후에 반응물과 생성물의 양을 나타낸 것이다. 이에 대한 설명으로 〈보기〉에서 옳은 것만을 모두 고르면? (단, X와 Y는 임의의 원소 기호이다)

물질	XY	Y_2	XY_2
반응 전의 질량[g]	7	6	0
반응 후의 질량[g]	0	2	11

〈보기〉

ㄱ. a는 b의 2배이다.

ㄴ. 원자량은 X가 Y의 $\frac{4}{3}$배이다.

ㄷ. 반응 전에 반응물의 몰수는 XY가 Y_2보다 크다.

① ㄴ   ② ㄷ

③ ㄱ, ㄴ   ④ ㄱ, ㄷ

20 다음은 구리(Cu)와 관련된 실험 내용이다. 이에 대한 설명으로 옳은 것은?

> • 구리를 공기 중에서 가열하면 산화 구리(Ⅱ)가 생성된다.
> • 산화 구리(Ⅱ)를 유리관에 넣고 수소 기체를 흘리면서 가열하면 구리와 (가)가 생성된다.
> • 산화 구리(Ⅱ)와 탄소 가루를 시험관에 넣고 가열하면 구리와 (나)가 생성된다.

① 산화 구리(Ⅱ)의 화학식은 Cu_2O이다.

② (가)는 H_2O이다.

③ (나)와 석회수가 반응하면 CaO가 생성된다.

④ 탄소 가루는 산화제 역할을 한다.

정답 및 해설

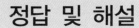

2015. 3. 14.
사회복지직 시행

---

1 ①

B는 구성 비율이 두 번째로 높으므로 단백질이다. 단백질은 펩타이드 결합에 의해 연결되어 형성되며 효소와 항체의 주성분이다.

2 ②

사람의 중추 신경계는 뇌와 척수로 구성되어 있다.

3 ④

P의 혈액형 유전자형이 모두 동형 접합이므로 A과 B형 부모 사이에서 태어난 F1의 혈액형은 모두 AB형이며, B형과 AB형 부모 사이에서 태어난 자손은 AB형과 B형이 태어날 수 있다. AB형과 AB형 사이에서는 AA, AB, AB, BB의 자손이 태어날 수 있고, AB형과 B형 사이에서는 AB, AB, BB, BB가 태어날 수 있다. 따라서 이 중 혈액형이 AB일 확률은 1/2이다.

4 ②

몸의 상처 부위에서 일어나는 염증반응은 백혈구의 식균 작용에 의한 것이며 모세혈관이 확장되고 혈류량이 증가한다.

5 ③

사람의 체온 조절 중추는 간뇌이며 저온 자극이 주어졌을 때 체온을 올리기 위한 반응들이 나타나는데 교감 신경의 자극에 의해 모세혈관과 입모근이 수축하여 열의 발산을 차단한다.

6 ④

물의 비중이 식용유보다 크기 때문에 금속 덩어리가 가라앉아 정지하기 위해서는 식용유에서의 힘이 더 크게 작용해야 한다. 따라서 금속 덩어리가 바닥을 누르는 힘은 물 (개)보다 식용유 (내)에서 더 크다.

7 ②

무지개는 태양의 반대 방향에서 관찰할 수 있다. 태양광선은 빨주노초파남보의 파장의 빛이 합성된 것이며, 색깔에 따라 파장이 다르기 때문에 굴절되는 정도가 달라진다.

8 ④

A, B, C, D 네 방향의 합력을 구하면 $-y$방향이 전기장의 방향이 된다.

9 ①

힘과 시간 그래프에서 면적은 충격량을 나타낸다. 충격량 I는 어떤 시간 t 동안 물체에 주어진 힘 F의 총량, 즉 F와 시간 t의 곱으로 나타낸다(I = Ft). 평면상에서 속도 v_0으로 운동하고 있는 질량 m인 물체에 일정한 힘 F가 시간 t 동안 작용하여 속도가 v로 변하였다면 가속도 a를 결정할 수 있는데 이를 운동의 법칙 F =ma에 대입하면 $Ft = mv - mv_0$가 도출된다. 따라서 2초 동안의 이 합력이 작용한 후 물체의 속력은 $20 = 4 \times 0 - 4 \times x$ 이므로 $x = 5$이다.

10 ②

② (개)에서 가속도 $a = \frac{2}{3}g$이므로 A가 받는 알짜힘은 $\frac{2}{3}mg$이고 B가 받는 알짜힘은 $\frac{4}{3}mg$이다. (내)에서 가속도 $a = \frac{1}{3}g$이므로 B가 받는 알짜힘은 $\frac{2}{3}mg$이고 A가 받는 알짜힘은 $\frac{1}{3}mg$이다. 따라서 B에 작용하는 알짜힘의 크기는 (개)가 (내)보다 크다. → 틀림

① (개)에 작용하는 중력은 $2mg$이므로 $F = ma$에 대입했을 때 $2mg = (m + 2m)a$이므로 가속도 $a = \frac{2}{3}g$이고, (내)에 작용하는 중력은 mg이므로 $mg = (m + 2m)a$이므로 가속도 $a = \frac{1}{3}g$이다. 따라서 가속도의 크기는 (개)보다 (내)에서 작다. → 옳음

③ (개)와 (내)에서 장력 $T = \frac{2}{3}mg$로 동일하다.

④ (개)에서 B에 작용하는 알짜힘의 크기는 $\frac{4}{3}mg$이고 A에 작용하는 알짜힘의 크기는 $\frac{2}{3}mg$이므로 B가 A의 2배이다.

11 ①

용암의 온도가 높을수록 SiO_2의 함량비가 낮아지므로 용암의 온도는 A가 B보다 높다.

12 ①

대륙판과 대륙판이 충돌하면 습곡산맥이 형성되며 지진활동이 일어나지만 화산활동이 활발하게 일어나지는 않는다.

13 ②

일기도를 보면 온난전선은 한랭전선보다 동쪽에 위치하며, ㈎의 전선이 ㈏의 전선보다 서쪽에 있으므로 ㈎의 일기도는 ㈏의 일기도보다 하루 전날의 것이다.

14 ④

외행성인 목성은 충의 자리에 위치하므로 역행현상이 관측된다. 또한 화성은 서구에 위치하므로 자정에서 아침, 남동 하늘에서 관측된다. 금성은 태양보다 동쪽에 위치하므로 저녁 서쪽 하늘에서 관측이 가능하다.

15 ③

표를 보면 이산화탄소에 의한 상승온도가 다른 온실기체에 비해 높다는 것을 알 수 있고, 온실 기체들 중 프레온의 지구온난화지수가 가장 높으므로 농도가 같다면 프레온의 온실효과가 가장 클 것이다.

16 ②

㈎는 다이아몬드, ㈏는 플러렌, ㈐는 탄소나노튜브로 모두 탄소동소체이다. 탄소동소체의 탄소 원자들 사이에는 공유결합이 이루어진다.

17 ③

화학 반응식의 반응 전후를 비교해보면 ㉠은 N_2, ㉡은 CO_2이다. ㈏의 반응전 분자의 몰수는 1+3=4이고, 반응 후 분자의 몰수는 2이므로 서로 같지 않다.

18 ①

이산화탄소와 포도당의 반응 몰수비는 6 : 1이다. 0℃, 1기압에서 기체 22.4L는 1몰을 의미하므로 이산화탄소 1몰을

얻기 위해서는 포도당이 1/6몰이 필요하다. 포도당 1몰의 원자량은 180이므로 1/6몰은 30g이다.

19 ④

CH_4는 정사면체구조이며 결합각은 109.5°, NH_3는 삼각뿔 모양이며 결합각은 107°, H_2O는 굽은 형 구조이며 결합각은 104.5°, HF는 직선형이며 결합각은 180°이다.

20 ②

CH_4에서 H의 산화수가 +1이므로 C의 산화수는 −4이다.

2015. 4. 18.
인사혁신처 시행

---

1 ②

사람의 혈구에는 백혈구, 적혈구, 혈소판이 있다. 백혈구는 세균에 감염되었을 때 세균을 잡아먹는 식균작용을 하며, 혈소판은 혈액응고에 관여한다.
㉠ 핵은 백혈구에만 있다.
㉢ 적혈구의 수가 가장 많다.

2 ④

A는 인지질이며 인지질은 친수성 머리와 소수성 꼬리 부분으로 이루어진다. B는 막단백질이다.

3 ④

A는 리소좀, B는 엽록체, C는 리보솜, D는 미토콘드리아이다. 미토콘드리아는 에너지 전환에 관여하기 때문에 근육세포와 같이 활동이 활발한 세포에 수가 많다.

4 ②

티록신의 분비는 음성 피드백에 의해 조절되는데 시상하부가 티록신의 농도를 감지하여 TRH를 분비하면 뇌하수체 전엽에서 TSH가 분비되고 이는 갑상선을 자극하여 표적기관에 티록신을 분비하게 한다.

5 ③

용암대지부터 천이가 일어나는 1차 천이의 그림이다. 따라서 A는 양수림이며, B는 극상인 음수림이다. 혼합림에서는 햇빛 요구량이 적은 음수묘목이 음수묘목에 의해 햇빛을 많이 받지 못하는 양수묘목보다 더 빨리 자란다.

6 ①

접촉시키면 두 도체구는 각각 (+3-1)/2=+1의 전하량을 가지게 된다.
접촉 전 두 도체구 사이의 전기력 F=(k × +3 × -1)/r²이며
접촉 두 도체구 사이의 전기력 F=(k × +1 × +1)/r²이므로 1/3배가 된다.

7 ②

이 열기관이 총하는 일은 150kJ + 350kJ = 500kJ이다. 이 중에서 일이 양은 150kJ이므로
열효율은 (150/500) × 100=30%이다.

8 ③

A는 빨강, B는 초록, C는 파랑이다. 이중 빛의 파장이 빨강 즉 A가 가장 길다.

9 ①

코일에 흐르는 유도전류의 방향은 ⓛ이며 코일의 회전속도에 유도전류가 비례한다. 또한 코일의 감은 수에 비례하기 때문에 감은 수가 2개가 되면 유도전류의 세기도 2배가 된다.

10 ④

물체 A 즉 질량 m에 작용한 힘에 의한 가속도와 세 물체 즉 질량 4m의 가속도가 같으므로 A와 B사이에는 3/4F의 마찰력이 작용해야 한다.

11 ③

A는 대류권으로 기상 현상이 나타나며, B는 성층권으로 자외선을 흡수하는 오존층이 존재한다. 고도가 높아질수록 공기의 밀도가 낮아지므로 C 중간권의 공기 밀도는 A보다 낮다.

12 ①

지층 A에서 공룡의 발자국 화석이 발견되었으므로 중생대에 퇴적되었다는 것을 알 수 있다.

13 ②

천정의 적위 = 북극성의 고도 = 관측 지역의 위도이므로 천정에 위치한 별의 적위는 53°가 아니다.

14 ③

산성에 의해 암석이 용해되는 것과 대기 중의 산소나 물과 반응하여 산화되는 것은 화학적 풍화 작용이다.

15 ④

C는 금성의 오른쪽이 보이므로 동방최대이각에서 조금 더 다가와 있는 위치이다. 따라서 해 진 직후에 관찰된다.

16 ③

HB가 HA보다 이온화가 잘되므로 더 강한 산이며 강한 산일수록 pH가 낮고 전류가 잘 흐른다.

17 ①

산화수를 비교하여 산화수에 변화가 없는 것이 산화−환원 반응이 아닌 것이다. 따라서 산화수의 변화가 없는 ①이 산화−환원 반응이 아니다.

18 ④

㈎는 이온결합물질인데 불꽃반응색이 노란색이므로 NaCl임을 알 수 있다. 따라서 ㈏는 KCl, ㈐는 중심원자가 비공유 전자쌍을 가지는 입체 구조 물질이므로 NH₃, ㈑는 평면구조물질인 H₂O, ㈒는 CH₄이다. 따라서 결합각의 크기는 ㈐가 107°도 ㈑ 104.5°보다 크다.

19 ②

NH₃는 양성자를 받으므로 브뢴스테드 로우리 염기이며, NH₃와 NH₄⁺의 산화수는 −3으로 같다.

20 ④

A$^+$는 전자 하나를 잃어 옥텟 규칙을 만족한 3주기 원소, B^{2-}는 전자 2개를 얻어 옥텟 규칙을 만족한 2주기 원소이다. 따라서 B의 바닥 상태 전자 배치는 $1s^2 2s^2 2p^4$로 홀전자 수는 2개이다.

2015. 6. 13.
서울특별시 시행

---

1 ③

속도–시간 그래프이므로 기울기는 가속도, 넓이는 변위이다. 0–2초까지는 양의 방향으로 2m, 2–4초까지는 음의 방향으로 2m를 가므로 4초일 때 제자리로 돌아온다.

2 ②

전자의 분포는 불연속적인 궤도이므로 n=1과 n=2사이에는 전자가 존재하지 않는다.

3 ④

A는 청색 원뿔 세포, B는 녹색, C는 적색 원뿔 세포이다. 백색광에는 A, B, C 모두 반응하며 사람의 원뿔 세포는 자외선, 적외선을 감지하지 못하므로 A, B, C 모두 반응하지 않는다.

4 ④

ⓐ는 중성자이며, 질량수는 보존되므로 235+1=141+ⓑ+3에서 ⓑ는 92임을 알 수 있다. 핵융합, 핵분열에서 에너지의 발생은 질량 결손에 의한 것이다.

5 ①

허블의 법칙은 우주 팽창설의 근거 중 하나이다.

6 ④

C는 O$_2$가 결합하여 CO$_2$가 되므로 산화되었다. 따라서 환원제이다. C가 불완전 연소하게 되면 CO가 된다. CaCO$_3$는 철광석에 존재하는 불순물인 SiO$_2$를 제거하는 역할을 한다.

7 ①

실험의 과정과 결과를 보면 음극선 실험에 의한 원자 모형을 찾는 것임을 알 수 있다. (가)는 톰슨의 음극선 실험에 의한 푸딩 모양, (나)는 러더퍼드의 산란실험을 통한 모양, (다)는 보어의 수소원자 궤도, (라)는 현대의 전자 구름 모형이다.

8 ②

ⓐ 파장이 가장 짧은 빛의 영역에는 a, b가 해당하는데 a는 방출, b는 흡수이다.
ⓒ 어느 높은 궤도에서 시작하여도 n=3으로 전이하면 적외선 영역의 빛이 방출된다.

9 ③

벤젠, 에텐, 펜테인, 사이클로펜테인 중 고리 구조를 가진 것은 벤젠과 사이클로펜테인이며 이 중 포화탄화수소는 사이클로펜테인이므로 A가 사이클로펜테인, B가 벤젠이다. 에텐과 펜테인 중 첨가 반응을 하는 물질은 에텐이므로 C는 에텐, D는 펜테인이다.

10 ③

금속수소화물에서는 금속의 산화수가 우선이다. Na의 산화수는 +1이므로 H의 산화수는 −1이다.

11 ④

항체의 주성분은 단백질로 세포막의 구성 성분이다.

12 ①

터너 증후군은 22+X, 다운 증후군은 21번 상염색체가 세 개이므로 45+XX 혹은 45+XY, 클라인펠터 증후군은 44+XXY, 고양이 울음 증후군은 구조 이상 돌연변이로 염색체 수에는 이상이 없다.

13 ④

㉠은 마이오신을 포함하는 A대, ㉡과 ㉣은 I대, ㉢은 H대이다. (나)의 단면은 ㉠에서 ㉢을 뺀 부분에서 나타나며, (다)의 단면은 ㉢, (라)의 단면은 ㉡과 ㉣에서 나타난다. 근육이 수축하면 마이오신과 액틴 필라멘트가 겹치는 부분이 증가하므로 (나)가 보이는 부분도 증가한다.

14 ②

1차 방어 작용은 병원체의 종류와 상관없이 일어나는 비특이적 방어 작용이다. 히스타민은 모세혈관을 확장시켜 백혈구와 항체가 모이도록 하는 염증반응을 일으켜 병원체를 제거하도록 유도하는 역할을 한다.

15 ②

㉠ 파장에 따른 빛의 투과성이 다른데, 적색 계열은 얕은 수심, 청색 계열은 깊은 수심에 도달한다. 또한 조류는 보색 적응을 통하여 깊이에 따라 다른 파장의 빛을 이용하도록 적응 진화했다.

㉡ 추울수록 표면적 감소를 위해 말단 부위는 작아지고, 부피에 대한 표면적 비 감소를 위해 몸의 크기는 커진다.

㉢ 한계 암기 이상의 지속인 암기가 단일 식물 개화에 영향을 비친다.

16 ③

(나)는 심성암 계열로 화산암이 주를 이루는 (가)보다 더 깊은 곳에서 형성된 암석으로 이루어져 있다.

17 ②

안식각은 미끄러지기 직전의 각이므로 θ가 안식각보다 커지면 미끄러진다.

18 ②

무역풍의 약화로 해수의 이동도 약해지므로 동태평양 연안의 용승은 약해진다.

19 ①

붉은색 표면, 올림포스 화산, 극관이 관찰되는 곳은 화성이다. 색 표면은 산화철 성분이 많다는 것을 의미한다. 또한 화성에는 지구보다 대기 밀도가 작지만 이산화탄소가 대부분인 기체가 있다.

20 ①

케플러식 망원경으로 집광 장치와 접안렌즈 모두 볼록렌즈를 사용하는 굴절 망원경이다. 이는 색수차에 의한 한계 때문에 대형 망원경의 제작이 어려우며, 렌즈 가공의 어려움으로 제작비가 많이 드는 단점이 있다.

2015. 6. 27.
제1회 지방직 시행

---

1 ①

① 과학 기술이 발달하면서 유해한 합성 물질이 증가하고 이는 생태계를 교란시킨다. 따라서 생물 다양성에 대한 중요성은 증가한다.

2 ④

A : 조직계, B : 기관, C : 기관

① 꽃은 B에 해당한다.

② B는 기관이다.

③ C는 기관이다.

3 ②

제시된 그림은 감각뉴런이다. 감각뉴런은 가지돌기 말단인 A에 시냅스 소포를 가지고 있어 아세틸콜린을 분비하고 연합뉴런으로 확산을 통해 자극을 전달한다.

① 감각뉴런은 말이집 신경이다.

③ 감각뉴런은 말초신경계에 속한다.

4 ③

㉠ 인슐린, ㉡ 글루카곤

③ 글루카곤은 글리코젠을 포도당으로 전환하여 혈당량을 높인다.

5 ④

(가) : 감수 1분열 중기, (나) : 체세포 분열 중기

① DNA의 양은 동일하다.

② (가)는 감수 1분열 과정에서 나타난다.

③ (나)는 체세포 분열 과정이다. 생식세포 분열 과정에서는 (가)가 관찰된다.

6 ①

ⓒ 파동의 속도 $v = f\lambda$이므로 동일 매질에서 파동의 속력은 같다 그러므로 ㈎의 파장이 ㈏의 파장보다 $\frac{1}{2}$ 배이므로 진동수는 ㈎가 ㈏보다 2배 크다.

㉠ ㈎의 파장은 $\frac{1}{4}\lambda = L$, $\lambda = 4L$이고,

㈏의 파장은 $\frac{1}{4}\lambda = 2L$, $\lambda = 8L$이다.

ⓒ ㈎는 $\frac{v}{4l}n$일 때 공명이 일어나므로 ㈏에서 나는 공명 진동수의 소리를 만들 수 없다.

7 ③

• 유도리액턴스 $\propto fL \rightarrow$ 진동수가 커질수록 저항이 커진다.

• 용량리액턴스 $\propto \frac{1}{fC} \rightarrow$ 진동수가 커질수록 저항이 작아진다.

ⓒ 코일을 직렬 연결할 경우 저항이 커지므로 실효 전류가 감소한다.

㉠ 저항은 진동수와 관련 없다.

ⓒ 축전기를 직렬 연결할 경우 저항이 작아지므로 실효 전류가 증가한다.

8 ③

ⓒ 유리관 속에서 기체가 흐르지 않고 정지해 있는 경우 $P_A + \rho g h_A = P_B + \rho g h_B$이므로 P_A, P_B의 압력 차이는 $\rho g h$만큼 발생한다.

㉠ 단면적이 넓은 곳에서 기체의 속도가 느리고 좁은 곳에서 빠르므로 A지점이 B지점보다 느리다.

ⓒ A, B지점에서 기체의 압력을 각각 P_A, P_B, 기체의 속력을 각각 v_A, v_B라고 할 때 $P_A + \frac{1}{2}\rho v_A^2 = P_B + \frac{1}{2}\rho v_B^2$이므로 기체의 속력이 빠른 곳에서는 압력이 작아진다. 따라서 기체의 압력은 B지점이 A지점보다 작다.

9 ④

④ 빛에너지를 받으면 전자가 n형 반도체 위쪽으로 이동하여 A방향으로 전류가 흐르게 된다.

10 ②

벽돌 A에 작용하는 힘 m_1g, 벽돌 B에 작용하는 힘 m_2g
벽돌 A, B에 의해 작용하는 알짜힘 $(m_1 + m_2)a$
따라서 벽돌 A의 질량은

$m_2g - m_1g = (m_1 + m_2)a$, $m_1 = \frac{g-a}{g+a}m_2$

11 ②

② 9월 1일 12시에서 9월 2일 00시 사이에 태풍의 진로 방향이 바뀌고 있으므로 그 사이에 전향점이 나타난다.

① 8월 30일에는 30N 이하에 있으므로 북동풍의 영향을 받으며 이동하였다.

③ 전향점을 지나면서 편서풍의 영향을 받으며 이동속도가 빨라진다.

④ 9월 2일 06시경 서울은 태풍의 오른쪽에 위치하므로 지상풍은 남풍 계열이다.

12 ③

ⓒ 항성월과 삭망월이 다른 이유는 지구의 공전 때문이다.

13 ③

① A는 해양판, B는 대륙판이다.

② A판에서 B판으로 갈수록 진원이 깊어지므로 수렴형 경계 중 섭입형 경계(A판이 B판으로 섭입)이다. 대륙 열곡대는 발산형 경계에서 나타난다.

④ A판이 B판으로 섭입하므로, A판의 밀도가 B판의 밀도보다 크다.

14 ①

A : 쿠로시오 해류, B : 북태평양 해류, C : 캘리포니아 해류, D : 북적도 해류

① A는 쿠로시오 해류로 난류이고, C는 캘리포니아 해류로 한류이다. 용존 산소량은 온도가 낮은 C가 더 많다.

15 ④

㉠ 석유와 석탄은 G에 의해 생성된다.

16 ③

㈎ : n-뷰테인, ㈏ : iso-뷰테인

③ 구조 이성질체 관계는 분자식은 같지만 구조가 달라 다른 성질을 갖는 화합물 관계를 말한다.

① ㈎, ㈏ 모두 C_4H_{10}이다.

② ㈏는 포화 탄화수소이다.

④ ㈎의 끓는점은 $-0.5℃$이고, ㈏의 끓는점은 $-11.6℃$이다.

17 ④

㉠과 ㉡은 모두 CO_2이다.

① ㈎에서 C는 산소를 얻었으므로 산화되었다.

② ㈏에서 Fe의 산화수는 3만큼 감소한다.

③ ㈐는 산화수의 변화가 없으므로 산화-환원 반응이 아니다.

18 ②

마그네슘 연소 과정을 화학반응식으로 나타내면 $2Mg+O_2$ $\rightarrow 2MgO$이다. 따라서 마그네슘 2몰과 산소 1몰이 반응하여 산화마그네슘 2몰이 생성되므로 반응식에서 각각의 질량은 마그네슘 48g, 산소 32g, 산화마그네슘 80g이고 질량비는 3 : 2 : 5이다.

② 마그네슘과 산화마그네슘의 질량비는 3 : 5이므로 마그네슘 36g이 연소하면 산화마그네슘 60g이 생성된다.

19 ②

A : 양성자수가 8이므로 O, 질량 수 16

B : 양성자수가 8이므로 O, 질량 수 18

C : 양성자수가 9이므로 F, 질량 수 19

D : 양성자수가 10이므로 Ne, 질량 수 20

① O의 바닥상태 전자 배치는 $1s^2 2s^2 2p^4$이다.

③ 이온화 에너지는 Ne가 O보다 크다.

④ Ne는 안정한 원소로 다른 원소와 화합물을 형성하지 않고 일원자 분자로 존재한다.

20 ①

그래프에서 묽은 염산 수용액 20mL에 수산화나트륨 수용액 10mL를 가했을 때 중화점을 이뤘으므로 수산화나트륨 수용액의 농도가 묽은 염산 수용액의 2배임을 알 수 있다.

② pH는 중화점 이전인 a가 d보다 낮다.

③ c는 중화점이므로 OH^- 이온이 존재하지 않는다.

④ 수산화나트륨 수용액의 농도가 묽은 염산 수용액의 2배이므로 d에서 Na^+ 이온 수와 OH^- 이온 수는 다르다.

2016. 4. 9.
인사혁신처 시행

---

1 ④

A : 핵산, B : 단백질, C : 셀룰로오스, D : 인지질

④ 콜레스테롤은 중성 지방이다.

2 ③

A : G_1기, B : S기, C : G_2기

① 핵막이 없어지는 것은 분열기 전기이다.

② 암세포도 S기를 거친다.

④ 인체 체세포의 대부분은 A 시기에 머물러 있다.

3 ①

㉢ 텃세는 동일 개체군 사이의 상호 작용으로 서로 다른 개체군 사이의 상호 작용인 ㉢에 해당한다고 볼 수 없다.

4 ①

붉은색 꽃, 큰 키인 식물을 교배하여 흰색 꽃, 작은 키가 나타났으므로 흰색 꽃, 작은 키가 열성이다. 붉은색 꽃-작은 키, 흰색 꽃-큰 키가 나오지 않는 것으로 상인연관되었음을 추정할 수 있다. 따라서 ㉠의 한 개체가 우성 순종일 확률은 $\frac{1}{3}$, 잡종일 확률이 $\frac{2}{3}$이다.

㉠의 한 개체와 열성 순종과의 검정 교배를 통해 열성이 나타날 확률은 잡종일 경우만 $\frac{1}{2}$씩 나타나므로, 열성 순종이 나타날 확률은 $\frac{1}{3}$이다.

5 ④

구간 A : 분극 구간, 구간 B : 탈분극 구간, 구간 C : 재분극 구간

① 구간 A에서 나트륨-칼륨 펌프를 통한 이온의 이동이 있다.

② 구간 B에서는 Na^+ 통로를 통해 Na^+가 세포 안으로 확산된다.

③ 구간 C에서 K^+ 통로를 통한 K^+의 유출에는 ATP가 사용되지 않는다.

6 ③

전반사를 위해서 코어는 밀한 매질, 클래딩은 소한 매질을 사용해야 한다. 따라서 코어는 굴절률이 가장 작은 A는 코어가 될 수 없다. B가 코어가 될 경우, 클래딩은 코어보다 굴절률이 작아야 하므로 A가 되어야 한다.

7 ②

① 도선 A를 $-x$ 방향으로 일정한 속도로 움직이면 도선 A에 반시계 방향으로 유도 전류가 흐른다.

③④ $+y$ 방향으로 이동은 자기장의 세기가 변하지 않으므로 전류는 유도되지 않고, 도선의 전류가 증가하면 A는 시계 방향, B는 반시계 방향으로 유도 전류가 흐른다.

8 ④

㉠, ㉡, ㉢ 모두 옳은 내용이다.

9 ③

㉡ 전자가 $n=1$인 궤도에 있는 경우를 바닥 상태라고 한다.

10 ①

㉢ 기체가 흡수한 열량은 기체의 내부 에너지 증가량과 외부에 한 일의 양의 합과 같다.

11 ①

㉠ 타포니는 기계적 풍화 작용과 관련한 미지형으로서, 암벽에 벌집처럼 생긴 구멍 형태의 지형을 일컫는다. 우리나라의 마이산 암벽에서 전형적인 타포니 지형을 찾아볼 수 있는데, 이는 신생대 제4기의 빙하기와 한냉기에 내부에서 표면으로 진행된 풍화 작용에 의해 형성되었다.

㉡ 북한산 인수봉의 암석은 화강암이다.

㉢ 북한산 인수봉의 암석은 중생대에 생성되었다.

12 ④

④ 온대 저기압의 한랭 전선과 온난 전선이 겹쳐지는 폐색 전선이 발생했다.

① A 지역은 저기압의 중심이다.

② B 지점은 고기압 지역으로 맑은 날씨가 예상된다.

③ C 지점에서는 한랭 전선이 통과한 직후 기온이 낮아진다.

13 ③

① A는 수렴형 경계에서 형성되는 호상열도이다.

② B는 해령으로 발산형 경계에서 형성된다.

④ D는 화산섬이다.

14 ②

㉠ A는 자외선이다.

㉢ (나) 과정은 자외선이 요구되므로 주로 낮에 활발하게 진행된다.

15 ④

① 월식의 진행 순서는 C→B→A이다.

② 이 날부터 일주일 후 달의 위상은 하현이다.

③ 달이 B 위치일 때, 태양과 달의 적경 차이는 약 12h이다.

16 ②

반응 후 남은 기체 분자의 양이 1몰이므로, 산소가 남아있다면 32g이어야 하는데 처음의 혼합 기체가 11g이었으므로 성립하지 않는다. 따라서 남은 기체는 수소 2g이며, 질량보존의 법칙에 따라 생성된 물은 9g이다.

17 ④

이 중성원자는 나트륨이다.

④ A와 B의 홀전자 수는 1개로 같다.

① 1족원소이므로 안정한 양이온은 전자 1개를 잃어서 생성된다.

② B는 들뜬 상태로 L전자껍질에 들어 있는 전자의 수는 7개이다.

③ 전자배치가 A(바닥 상태)에서 B(들뜬 상태)로 바뀔 때는 에너지를 흡수한다.

18 ③

③ 금속 A 이온이 금속 C 이온보다 쉽게 산화되므로, 금속 C의 이온이 금속 A의 이온보다 쉽게 환원된다.

19 ②

② (나)의 N은 비공유 전자쌍을 가지고 있으므로 루이스 염기로 작용할 수 있다.

① (가)는 중성 수용액에서 이온 상태이다.

③ (다)에서 중심원자 인은 확장된 옥텟이므로, 옥텟 규칙을 만족하지 않는다.

④ (가)의 아미노산은 뉴클레오타이드를 구성하는 요소가 아니다.

20 ①

A : 홀전자 수 1, 가장 큰 이온화 에너지→17족(F)

B, C : 홀전자 수 2→14족, 16족→이온화 에너지가 큰 B=O, 이온화 에너지가 작은 C=C

D : 홀전자 수 3→15족(N)

② 원자 반지름은 D가 A보다 크다.

③ 유효 핵전하는 B가 D보다 크다.

④ 원자가 전자 수는 C < D < B < A의 순서로 커진다.

2016. 6. 18.
제1회 지방직 시행

---

1 ④

① A종은 생장 곡선이 S자형으로 수렴하고 있으므로 환경 저항이 작용한다.

② B종은 혼합 배양할 경우 개체수가 일정 수준 증가했다 감소한다.

③ A종과 B종은 경쟁 배타 관계이다.

2 ④

④ (나)와 (다) 사이의 자녀 중 부착형이 나올 확률은 25%이다.

3 ①

① 감수 분열 결과 2×2×2=8로 8종류의 생식 세포가 형성된다.

4 ②

여러 가지 기관계의 상호작용

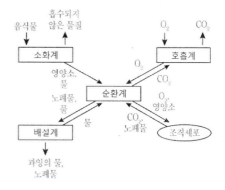

5 ①

㉠ 대식세포, ㉡ 보조 T림프구, ㉢ B림프구, ㉣ 형질세포, ㉤ 기억세포

B. ㉢은 기억세포와 형질세포로 분화한다.

D. ㉤은 기억세포이다.

6 ②

전기력선의 방향을 보아 Q_A가 양전하를 지니고 있음을 알 수 있다. 전하량은 전기력선의 개수를 통해 Q_A가 Q_B보다 3배 큰 것을 알 수 있다.

7 ①

② B→C 과정에서 기체의 압력은 증가한다.

③ C→A 과정에서 기체는 외부에 일을 하지 않는다.
(∵ 부피 일정)

④ 기체 분자의 평균 운동 에너지는 온도에 비례한다.

8 ④

(가) 양성자, (나) 중성자

④ 원자핵에서 (가)와 (나)를 결합시키는 힘은 핵력이다.

9 ①

• 시계 방향 돌림힘 = $2r \times 2mg$

• 반시계 방향 돌림힘 = $3r \times mg + r \times F$

따라서 $F = mg$이다.

10 ③

- p가 받는 부력 $= \dfrac{2}{3}V \times 5p \times g$

- p에 작용하는 중력 $F = p \times V \times g$

물체가 정지 상태를 유지하고 있으므로, 부력의 크기와 중력 +줄이 잡아당기는 힘의 합이 같아야 한다. 따라서 줄이 물체를 당기는 힘의 크기는 $\dfrac{7}{3}pVg$이므로, 치환하면 $\dfrac{7}{3}F$이다.

11 ②

A : 질소, B : 이산화탄소, C : 산소

① 지구온난화에 가장 많은 영향을 미치는 기체는 B이다.

③ C는 생물의 광합성으로 증가한다.

④ 육지에 생물이 번성한 것은 산소가 오존층을 형성한 이후이다.

12 ③

(가) 엘니뇨, (나) 라니냐

③ (가)의 경우 서태평양의 인도네시아 지역에서 가뭄이 발생한다.

13 ③

① A 지역은 하강 기류가 나타난다.

② B 지역은 한랭 전선이 지나간 뒤로 기온이 낮아지고 소나기가 예상된다.

④ D 지역은 맑고 따뜻한 날씨가 예상된다.

14 ②

① A의 경우 다음날 화성의 적경은 감소한다.

③ C의 경우 태양과 같은 방향으로 관측할 수 없다.

④ D의 경우 해질 무렵부터 자정까지 관측할 수 있다.

15 ②

② (나)의 어두운 부분은 주위보다 온도가 낮다.

16 ①

ⓒ (다)에서 H_2O는 루이스 염기이다.

17 ②

질량 보존의 법칙을 고려하며 (가)의 a에 1을 대입해 보면 b는 8, c는 9가 된다. 같은 방법으로 (나)의 x는 1, y는 6, z는 6이다.

② $(b+c)=17$, $(y+z)=12$로 $(b+c)$가 더 크다.

18 ④

① 삼플루오린화 붕소는 평면 삼각형 모양의 분자이고, 암모니아는 삼각뿔 모양의 분자이다.

② 삼플루오린화 붕소는 무극성 분자이고, 암모니아는 중심 원자에 비공유 전자쌍이 1개 있다.

③ 삼플루오린화 붕소의 결합각은 $120°$이고, 암모니아의 결합각은 $107°$이다.

19 ③

ⓒ (가)에서 원자가 전자는 4개이다.

20 ③

① a에서 방출하는 에너지는 $\dfrac{3}{4}A$이고, c에서 방출하는 에너지는 $\dfrac{3}{16}A$로, 4배이다.

② 빛의 파장은 방출하는 에너지가 클수록 짧아지므로 a에서 가장 짧다.

④ b에서 방출하는 빛은 가시광선 영역에서 관찰된다.

2016. 6. 25.
서울특별시 시행

---

1 ③

ⓒ 3초일 때 A에 대한 B의 속도의 크기는 $15-(-10)=25\text{m/s}$이다.

2 ①

② a점에서 b점까지 운동하는 동안 가속도의 크기는 감소한다.

③ c점에서 d점까지 운동하는 동안 운동 에너지는 증가한다.

④ d점에서 a점까지 운동하는 동안 속력은 증가한다.

3 ④

① 자기장의 세기는 전류의 세기와 전선으로부터의 거리에 영향을 받는다. 방향은 관계없다.

② 전선에서 가까운 점 p가 점 q보다 자기장의 세기가 더 크다.

③ 점 p의 자기장의 방향은 $-y$방향이다.

4 ②

전반사는 밀한 매질에서 소한 매질로 임계각보다 큰 입사각으로 입사할 때 발생한다. 따라서 매질 A가 매질 B보다 밀하다.

① 굴절률은 A가 B보다 크다.

③ 빛의 속력은 B에서가 A에서보다 빠르다.

④ 동일한 빛이 B에서 A로 입사각 i로 입사할 경우 전반사는 일어나지 않는다.

5 ①

전압은 감은 횟수에 비례하고 전류는 반비례한다. 따라서 2차 코일의 전압은 110V이고 저항이 110Ω이므로 2차 코일에 흐르는 전류는 1A($\because$ V=IR)이고, 1차 코일의 전류 I_1= 0.5A이다.

6 ①

• (가) : 부피가 5.6L이므로 0.25몰이고, 분자량은 4이다.

• (나) : 분자량이 17, 질량이 34이므로 2몰이다.

• (다) : 분자 수가 3.0×10^{23}이므로 0.5몰이다.

따라서 표의 빈칸을 채우면 다음과 같다.

기체	분자량	질량(g)	부피(L)	분자수(개)
(가)	4	1	5.6	1.5×10^{23}
(나)	17	34	44.8	12.0×10^{23}
(다)	64	32	11.2	3.0×10^{23}

① 밀도는 온도와 압력이 같을 때 분자량에 비례하므로 (가) < (나) < (다) 순이다.

② 기체 (나)의 부피는 기체 (다)의 부피의 4배이다.

③ (가)와 (다)의 분자 수의 합은 (나)의 분자 수보다 적다.

④ 분자 수는 (가) < (다) < (나)이다.

7 ③

(가) Mg^{2+}, (나) Mg^+, (다) 들뜬 상태의 Mg 원자, (라) 바닥 상태의 Mg 원자

① (라)가 (다)보다 안정한 상태이다.

② (나)는 (가)보다 반지름이 크다.

④ (라)에서 (다)로 될 때 에너지를 흡수한다.

8 ①

① 결합 길이는 단일 결합인 a가 가장 길고, 1.5중 결합인 c, 이중 결합인 b 순이다.

9 ④

㉠, ㉡, ㉢ 모두 옳은 설명이다.

10 ④

④ (가)~(다) 중 N의 산화수가 가장 작은 것은 -3인 NH_3이다.

11 ②

호기성 세균 X가 산소가 있는 곳에서만 분포하므로 외부 자극에 대한 반응이라고 할 수 있다. 따라서 지렁이가 빛(자극)을 피해 땅 속으로 숨는 경향을 보이는 것을 그 예로 들 수 있다.

12 ④

(가) 동화, (나)/(다) 이화

① (가)는 동화 작용을 하는 생명체의 존재 여부를 확인하기 위한 것이다.

② (나)의 방사능 계측기는 방사성 CO_2의 발생을 알아보기 위한 장치이다.

③ (다)는 이화 작용을 하는 생명체의 존재 여부를 확인하기 위한 것이다.

13 ②

(가) 순환계, (나) 소화계, (다) 호흡계, (라) 배설계

① (가)는 순환계이다.

③ 정맥혈은 (다)를 거쳐서 동맥혈로 전환된다.

④ 암모니아가 요소로 전환되는 것은 간에서이다.

14 ②

㉠ Q_1에서 Na^+ 농도는 축삭돌기 내부에서보다 외부에서 높다.

㉡ Q_3은 재분극 지점이다.

15 ③

① 경쟁과 분서는 서로 다른 개체군 사이에서 관찰된다.

② 먹이 사슬은 여러 개체군 사이에서 형성된다.

④ 특정 군집에서만 발견되어 그 군집의 특성을 나타내는 종을 지표종이라고 한다. 희소종은 개체수가 매우 작아 찾기 힘든 종이다.

16 ①

② 화산 활동이 활발해지면 기권의 탄소량이 증가한다.

③ 식물의 광합성이 증가하면 생물권의 탄소량은 증가한다.

④ 지구 전체의 탄소량은 일정하다.

17 ③

① 유라시아 판의 밀도보다 태평양 판의 밀도가 크다. 이로 인해 유라시아 판 아래로 섭입한다.

② 진원의 깊이는 대륙판 쪽으로 갈수록 깊어진다. 따라서 B에서 A로 갈수록 심발 지진의 발생 빈도가 증가한다.

④ 유라시아 판과 태평양 판의 경계에는 해령이 발달되어 있다.

18 ④

① 태풍은 육지를 통과하는 동안 기압이 높아진다.

② 태풍이 전향점을 지나 북동진하는 것은 주로 편서풍 때문이다.

③ 태풍이 통과하는 동안 서귀포 지역(진행 방향 오른쪽)에서의 풍향은 시계 방향으로 변한다.

19 ③

③ 달이 뜨는 위치와 모양이 변하는 까닭은 달의 공전 때문이다.

20 ②

① 2월 무렵에는 지구가 (가)의 반대편에 위치한다.

③ 우리나라에서는 겨울철에 궁수자리를 관측할 수 없다.

④ 우리나라에서 남중 고도가 가장 낮은 별자리는 태양의 남중 고도가 가장 낮은 동지에 위치하는 별자리로 궁수자리이다.

1 ②

평균 속력은 이동한 거리를 시간으로 나눈 값이다. A와 B 둘 다 0~5초까지 $50m$를 이동했으므로 $50m \div 5s = 10m/s$로 동일하다.

① 그래프의 3초 지점에서 A와 B가 30m 지점에서 만나므로 둘의 이동 거리는 같다.

③ 순간 속력은 한 점에서의 접선의 기울기이다. A의 3초일 때 순간 속력은 $30m \div 3s = 10m/s$이다. B의 3초일 때 순간 속력은 2~4초 구간의 직선의 기울기이다. 따라서 $(50-10)m \div (4-2)s = 20m/s$이므로 B가 A보다 크다.

④ 등속도 운동은 어느 지점에서나 속도가 일정한 운동이다. 0~5초 동안 B는 기울기가 달라지므로 속력은 일정하지 않다. 따라서 등속도 운동을 하고 있지 않다.

2 ④

질량이 같고, 현재 위치가 높이 h로 같으며 처음에 같은 속력 v_0로 던지게 되면 그 이후에는 중력 외에는 더 이상 외력이 작용하지 않는다.(공기저항 무시) 따라서 초기 역학적 에너지는 $mgh + \frac{1}{2}mv_0{}^2$이다.

초기 높이 h가 같고, 공의 질량 m이 같고, 초기 속력 v_0가 같기 때문에 역학적 에너지 보존 법칙에 의해 지면에 도달할 때($h = 0$)의 속력은 A = B = C이다.

3 ③

물질에 일정한 진동수 이상의 파장이 짧은 전자기파(가시광선이나 자외선)를 쪼이면, 에너지를 흡수하게 된다. 그 물질의 일함수보다 큰 에너지의 빛을 쬐어줄 때 전자가 방출되는 광전효과가 나타난다. 따라서 (나)에서 자외선을 쪼이면 금속판에 전자가 방출되었으므로 금속박에 있는 전자가 금속판으로 이동하면서 금속박은 양(+)전하로 대전된다. 그러므로 척력에 의해 금속박은 벌어진다.

① (가)에서 금속박이 벌어지지 않은 것은 백열등의 빛에너지가 금속판의 일함수보다 작기 때문이다. 일함수는 에너지이고 에너지는 진동수와 관련이 있다. 빛의 세기는 방출되는 전자의 개수에 비례하므로 에너지와는 관련이 없다. 따라서 백열등 빛의 세기를 증가시켜도, 에너지가 금속의 일함수보다 작으므로 자유전자가 방출되지 않는다. 그러므로 금속박은 벌어지지 않는다.

② 일함수 = $h \times$ 문턱 진동수이다. h는 플랑크 상수로 일정하다. 그러므로 일함수는 문턱 진동수에 비례하는 값이다. 자외선등에 의해 금속판에서 전자가 방출됐으므로 자외선등의 빛의 진동수는 금속판의 문턱 진동수보다 크다.
④ 광전 효과는 빛의 입자성의 증거이다.

4 ③
㉮ : 양성자 수 2, 질량 수 4가 감소되므로 A는 He인 알파선이다.
㉯ : 양성자 수가 1 늘었으므로, 전하량 보존 법칙에 따라 B는 전하량이 -1인 전자이고 베타선이다.
㉰ : 전하량 변화가 없으므로 C는 전하량이 0인 감마선이다.
③ 감마선은 암 치료에 이용할 수 있다.
① A는 He으로 렙톤이 아니라 쿼크이다.
② 알파선, 베타선, 감마선 중에서는 감마선의 투과력이 가장 강하다.
④ 양성자 수가 같고, 질량 수가 다른 것이 동위원소이다. 질량 수가 같은 원소는 동중원소라고 한다.

5 ④
④ 점 a에서는 A가 가깝고 A의 전하량도 크므로 음(−)전하의 영향을 받아서 $+x$ 방향으로 전기장의 방향이 나타난다.
①② 점 b에서 전기장의 세기가 0이면 점 b는 A와 B를 외분하는 점이다. 거리의 2 : 1로 외분하므로 쿨롱의 법칙을 적용하면 $\sqrt{q_1} : \sqrt{q_2} = 2 : 1 \rightarrow q_1 : q_2 = 4 : 1$이다. 따라서 A와 B의 전하량은 4 : 1이 된다.
③ 점 b보다 더 먼 점 c에서는 전하량이 큰 A의 영향을 받는데 점 c가 양전하를 뒀을 때 전기장의 방향이 $-x$ 방향이므로 A는 음(−)전하이다. 외분하는 곳에 전기장의 세기가 0인 지점이 있었으니 B는 반대 종류인 양(+)전하이다.

6 ④
㉮는 s오비탈이고, ㉯는 p오비탈이다.
④ 전자가 1개인 수소 원자의 경우 오비탈의 에너지 준위는 오비탈의 종류와 관계없이 주양자수에 의해서만 결정된다. 그러므로 수소 원자에서 주양자수(n)가 같으면 오비탈의 에너지 준위는 s오비탈과 p오비탈이 같다.
① s오비탈은 전자가 발견될 확률이 핵으로부터의 거리에 의존하며, 방향과는 관계없으므로 방향성이 없다. p오비탈은 핵으로부터의 거리와 방향에 따라 전자가 발견될 확률이 다르므로 방향성이 있다.

② s오비탈은 모든 전자껍질에 존재한다. p오비탈은 K 전자껍질(n=1)에는 존재하지 않으며 L 전자껍질(n=2)부터 존재한다.
③ 파울리의 배타 원리에 의해 1개의 오비탈에는 전자가 최대 2개까지 채워진다. ㉮는 1개의 s오비탈이고, ㉯는 p_x인 1개의 p오비탈이므로 둘 다 수용 가능한 최대 전자 수는 2개로 같다.

7 ①
유효 핵전하 = 핵전하 − 가리움 상수
① 핵 전하량이 클수록 이온을 끌어당기는 힘이 강해서 이온 반지름이 작아진다.
② A와 B는 양성자 수에 비해 전자 수가 많으므로 음이온, C와 D는 적으므로 양이온이다.
③ A는 전자 2개를 얻으므로 2가 음이온, C는 전자 1개를 잃으므로 1가 양이온이 된다. 따라서 결합하면 C_2A이 된다.(C가 양이온이므로 앞에 쓴다.)
④ D는 양이온으로 전자 수가 부족하고 B는 음이온으로 전자 수가 상대적으로 많다. 따라서 D에서 B로 이동한다.

8 ③
반응 후의 그림에서 원소 X와 Y의 결합비는 1 : 2이다. 따라서 X와 Y의 결합식은 XY_2가 된다. 따라서 화학 반응식에서 원소 개수를 맞추면 $X_2 + 2Y_2 \rightarrow 2XY_2$가 된다.

9 ④
H—F̈:
F 원자 쪽으로 전자가 치우쳐 있어서 전기장의 (+)극 방향으로 F 원자가 정렬되었다.
① 부분적 (−)전하를 띤다.
② 쌍극자 모멘트의 합이 0이면 무극성 분자이다. HF는 전자가 치우쳐져 있으므로 극성 분자에 해당한다.
③ 전기 음성도는 공유 결합을 이루고 있는 전자쌍을 잡아당기는 상대적인 인력의 세기를 말한다. 또한 전기음성도는 주기율표에서 같은 주기에서 원자번호가 커질수록, 같은 족에서 원자번호가 작아질수록 증가한다. 따라서 F 원자(3.98)가 H 원자(2.2)보다 전기음성도가 크다.

10 ②

반응식 : $2Mg + CO_2 \rightarrow C + 2MgO$

② 산화제는 자신은 환원되면서 상대물질을 산화시키는 물질
이다. 이산화탄소는 자신은 산소를 잃어 환원되고, 마그
네슘 분자의 전자를 잃게 하여 산화시키므로 산화제이다.

① 마그네슘 분자는 전자를 잃고 산소와 결합하므로 산화되
었다.

③ $2Mg + C^{4+} + 2O^{2-} \rightarrow C + 2Mg^{2+} + 2O^{2+}$, $C^{4+} \rightarrow C$가
되므로 산화수는 감소한다.

④ 탄소는 전자를 얻고 산소를 잃으므로 환원되었다.

11 ③

A는 상피 조직(단층 원주상피), B는 결합 조직, C는 근육
조직이다.

③ 뼈와 힘줄은 결합 조직이다.

① 상피 조직은 기관의 표면이나 안쪽 벽을 덮고 있다.

④ 심장막 – 상피 조직, 혈관 – 결합 조직, 심장근 – 근육 조직

12 ②

A는 항이뇨 호르몬(ADH), B는 갑상샘 자극 호르몬(TSH)이다.

② ADH 분비량이 증가하면 수분 재흡수가 촉진되어 오줌
으로 나가는 물의 양이 줄어들어 오줌의 삼투압은 증가
한다.

④ 갑상선 호르몬인 티록신의 분비가 되지 않아 TSH의 분
비량은 늘어난다.

※ 뇌하수체 호르몬의 분비와 기능

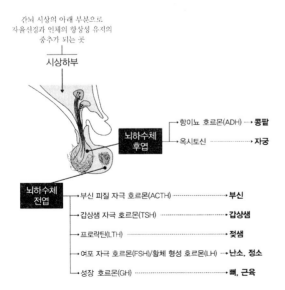

	부신피질 자극 호르몬 (ACTH)	부신피질을 자극하려 부신피질호르몬을 분비
전엽	갑상선 자극 호르몬 (TSH)	갑상선 자극하여 갑상선 호르몬을 분비
	성선 자극 호르몬 (FSH, LH)	• 정소, 난소, 즉 생식소를 자극하여 성호르몬 분비 • FSH : 여포자극 호르몬 • LH : 황체 형성 호르몬
	성장 호르몬 (GH)	뼈, 간, 근육에 표적 세포로 작용하여 단백질 형성과 성장을 자극
	멜라닌 자극 호르몬 (MSH)	멜라닌세포를 자극하여 피부색소를 결정
	유선 자극 호르몬 (프로락틴)	유선을 자극하여 젖생산을 자극
후엽	항이뇨 호르몬 (ADH)	신장을 자극하여 수분의 재흡수, 혈압 상승 역할
	옥시토신	자궁과 유방을 자극하여 자궁의 근수축을 촉진하여 출산을 유도하고 젖분비 유도

13 ①

대식 세포가 식균 작용으로 병원체를 삼킨 후 분해하여 항
원을 제시하면 보조 T 림프구는 이걸 인식하여 활성화된다.
보조 T 림프구의 도움을 받은 B 림프구는 기억 세포와 형
질 세포로 분화되며, 형질 세포는 항체를 생산한다.
㉠은 B 림프구, ㉡은 형질 세포이다.

① 대식 세포가 병원체를 삼킨 후 분해하여 항원을 제시하
는 과정은 병원체를 가리지 않는 식균 작용으로 비특이
적인 방어 작용이다.

② B 림프구는 골수에서, T 림프구는 흉선에서 성숙한다.

④ 1차 면역 반응에서 B 림프구가 기억 세포와 형질 세포로
분화되면, 기억 세포는 2차 면역 반응에서 분화하여 기
억 세포와 형질 세포를 만든다. 그 형질 세포가 항체를
생산한다.

14 ③

A는 생산자, B는 분해자이다.

③ ㉠은 질소 고정으로 대기 중의 분자상 질소를 활성화하여 암모니아 등의 질소 화합물로 만드는 일을 말한다.

① 생산자는 식물로, 토양에서 암모늄 이온을 흡수해 유기물을 합성한다.

② 분해자에는 박테리아 및 곰팡이가 있으며, 동식물의 사체나 배설물을 암모늄 이온으로 전환한다.

④ ㉠ 질소 고정 : 질소 고정 세균에 의해 대기 중의 질소(N_2)가 암모늄 이온(NH_4^+)으로 전환되는 과정이다.

㉡ 질화 작용 : 질화 세균인 아질산균이나 질산균에 의해 암모늄 이온(NH_4^+)이 질산 이온(NO_2^-)으로 산화되는 과정이다.

$NH_4^+ \rightarrow$ (아질산균) $\rightarrow NO_2^- \rightarrow$ (질산균) $\rightarrow NO_3^-$

㉢ 탈질소반응 : 탈질소세균이 질산 또는 아질산을 질소가스로 변환해 방출하는 과정

15 ②

구분	응집원	응집소
A형	A	β
B형	B	α
AB형	A, B	없음
O형	없음	α, β

• 응집원 A를 가진 학생, 48명 = A형 학생 + AB형 학생
• 응집소 β를 가진 학생, 57명 = A형 학생 + O형 학생
• 응집원 A와 응집소 β를 모두 가진 학생, 37명 = A형 학생
따라서 AB형 학생은 48 − 37 = 11명, O형 학생은 57 − 37 = 20명이다.

100명 중 A, B, AB, O형이 모두 있으므로 나머지 B형은 100 − (37 +11 +20) = 32명이다.

② 항 B 혈청에 응집되는 혈액은 B형과 AB형 이므로 32 +11 = 43명이다.

① A형 학생이 가장 많다.
③ AB형인 학생은 11명이다.
④ O형인 학생은 20명이다.

16 ①

판의 경계	경계부의 판	지형	맨틀 대류	지각	화산	지진
발산형 경계	해양판-해양판	해령, 열곡	상승	생성	활발	천발
	대륙판-대륙판	열곡	상승	생성	활발	천발
수렴형 경계	해양판-해양판	해구, 호상 열도	하강	소멸	활발	천발 중발 심발
	해양판-대륙판	해구, 호상 열도	하강	소멸	활발	천발 중발 심발
	해양판-대륙판	해구, 습곡 산맥	하강	소멸	활발	천발 중발 심발
	대륙판-대륙판	습곡 산맥	하강	소멸 ×	없다	천발 중발
보존형 경계	해양판-해양판 대륙판-대륙판	변환 단층	상승× 하강×	보존	없다	천발

① 그림 (나)에서 진앙 분포가 밀집되어 많이 일어나는 것으로 보아 D가 C보다 크다.

② B에서 천발, 중발, 심발 지진이 모두 일어나는 것으로 보아 수렴형 경계이다. C에서는 천발 지진만 일어나므로 수렴형 경계에서 일어나는 베니오프대가 아니다.

③ D는 수렴형 경계로 지각은 소멸된다.

④ A와 D는 모두 수렴형 경계로 모두 하강하는 지역이다.

17 ②

• 용존 산소량(DO)는 수중에 용해되어 있는 산소의 양을 말하며 물의 오염도가 높을수록 용존 산소량은 낮아진다.

• 생화학적 산소 요구량(BOD)는 유기 물질(오염 물질)이 호기성 세균에 산화될 때 소요되는 용존 산소의 양이며 물의 오염도가 높을수록 생화학적 산소 요구량도 높다.

• 용존 산소량이 A에서 B로 가면서 낮아지므로 B의 상류에 오염원이 존재한다고 추정할 수 있다. A가 수질이 가장 좋은 관측점이며 B를 지나 C로 가면서 수질은 회복되고 있다.

② B가 제일 수질이 나쁘다.
① 유기물 함량(오염 물질)은 A가 가장 낮다.
③ BOD와 DO는 서로 반비례 관계이다.
④ B에서 수질이 나빠지므로 A와 B 사이에서 오염 물질이 유입되었음을 추론할 수 있다.

18 ①
② 지구 내부 에너지는 지구 중심에서 일어나는 지구핵의 운동에 의해 외부로 에너지가 방출되며, 맨틀에서의 마그마 운동(대류)에 의해 화산과 지진이 일어나고 지각 근처의 방사성 동위원소의 붕괴로 핵 에너지가 방출된다.
③ 지진과 화산활동을 일으키는 에너지원은 지구 내부 에너지이다.
④ 밀물과 썰물은 조력 에너지에 의해 발생한다.

19 ①
초승달이므로 해진 후 서쪽 하늘에서 보이기 시작하고 ㈏에서 A의 위치이다.
※ 지구와 달의 위치와 위상 변화

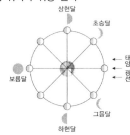

달의 모양	관측 시기(음력)	관측 시각과 위치
삭	1일경	태양과 함께 뜨고 지므로 볼 수 없다.
초승달	2 ~ 3일경	해진 후 서쪽 하늘에서 보이기 시작하여 오후 9시경에 진다.
상현달	7 ~ 8일경	해진 후 남쪽 하늘에서 보이기 시작하여 자정에 진다.
망(보름달)	15일경	해진 후부터 새벽까지 보이며 자정에 남중한다.
하현달	22 ~ 23일경	자정에 동쪽 지평선에서 떠서 일출 때까지 보인다.
그믐달	28 ~ 29일경	새벽에 동쪽 하늘에서 떠서 일출 때까지 보인다.

20 ④
㉠ 적도를 경계로 북반구의 표층 순환은 시계 방향으로 흐른다.
㉡ 북적도 해류는 무역풍, 북태평양 해류, 북대서양 해류는 편서풍에 의해 흐른다.
㉢ 한류와 난류
• 한류 : 캘리포니아 해류, 페루 해류, 쿠릴 해류, 남극 순환류, 카나리아 해류 등
• 난류 : 북적도 해류, 북태평양 해류, 쿠로시오 해류, 적도 반류, 북대서양 해류 등

※ 표층 해수의 순환

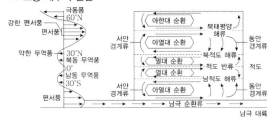

2017. 4. 8.
인사혁신처 시행

---

1 ①
② 소포체는 물질의 이동통로이고 포도당을 합성하는 것은 엽록체이다.
③ 핵은 세포의 유전물질을 저장하는 저장고이고 생명 활동에 필요한 에너지를 생성하는 것은 미토콘드리아이다.
④ 중심립은 방추사 형성에 관여하는 것이고, 가수 분해 효소가 있어서 세포 내 소화를 담당하는 것은 리소좀이다.

2 ③
혈액은 혈관 B(대동맥) → C(조직의 모세혈관) → D(대정맥)의 방향으로 흐른다.
① 혈관 A는 폐정맥이다.
② 혈관 B는 대동맥이므로 판막이 없다.
④ E는 우심방으로 산소 분압이 가장 낮은 곳이다.

3 ③
㉡ 세균은 세포 구조를 가지고 있고 바이러스는 세포 구조가 없다.
㉢ 세균은 숙주 세포 없이도 증식할 수 있으나 바이러스는 숙주 세포 내에서만 증식할 수 있다.
㉠ 세균과 바이러스 모두 핵산을 가지고 있다.
㉣ 후천성 면역 결핍 증후군(AIDS)은 바이러스이므로 세균과 바이러스의 위치가 바뀌어야 정답이 된다.

4 ③

③ 광합성은 동화 작용의 대표적인 예이다.
② 물질대사는 생물체 내에서 일어나는 에너지대사이므로 항상 에너지가 흡수되거나 방출된다.

5 ④

㈜는 2개의 분체로 이루어진 염색체이므로 감수 2분열 후기에 염색 분체의 분리가 일어난다. 감수 1분열 과정에서는 상동 염색체의 분리가 일어난다.
① ㈎는 DNA이고 인산, 당, 염기가 $1 : 1 : 1$로 결합된 뉴클레오타이드로 구성된다.
② ㈏는 히스톤 단백질이다. DNA가 히스톤 단백질 8개를 감아서 뉴클레오솜을 형성한다.
③ ㈐는 염색사이고 세포 분열 시 응축되어 염색체가 된다.

6 ②

㉠ 금속에 특정 값(한계 진동수)보다 큰 진동수(짧은 파장)의 빛을 비추어야만 광전 효과가 일어나 전자가 튀어나올 수 있다.
㉢ $E_K = hf - W$ 이므로 광전자의 최대 운동 에너지는 광자의 진동수가 커지면 증가한다. 청색 빛은 적색 빛보다 진동수가 더 크므로 광자의 에너지가 커서 광전자의 최대 운동 에너지도 청색 빛이 적색 빛보다 더 커진다.
㉡ 빛의 세기(밝기)는 광전자의 개수(광전류)에 비례하므로 광전자의 최대 운동 에너지와는 무관하다.
㉣ 광전 효과는 빛이 입자임을 입증하는 현상이다.

7 ③

역학적 에너지 보존의 법칙에 의해 비탈면을 오르기 전 운동에너지는 h 높이의 위치에너지와 일치해야 한다.
• $F = ma$에서 $4N = 2kg \times a$이므로, $\therefore a = 2m/s^2$
• 정지상태의 물체에 4N의 힘을 2초 동안 주었으므로 2초 후의 속도 v는 $\dfrac{(v-0)m/s}{2s} = 2m/s^2$ $\therefore v = 4m/s$
• 비탈면을 오르기 전 운동에너지 = h 높이의 위치에너지
$(\dfrac{1}{2}mv^2 = mgh)$
$\dfrac{1}{2} \times (4m/s)^2 = 10m/s^2 \times h$(m은 물체의 질량으로 같은 값이므로 생략)
$\therefore h = 0.8m$

8 ①

㉡ 두 도체가 접촉하면 같은 전하량을 가지는 두 대전체가 된다.
㉠ ㈎에서 대전체 A와 대전되지 않은 B가 가까이 있으면 정전기 유도 현상에 의해 B의 왼쪽에 (−)전하로 B의 오른쪽에 (+)전하를 띤다. 그러므로 A와 B 사이에는 A와 가까운 쪽에 (−)전하를 띠게 되므로 당기는 전기력이 작용한다.
㉢ ㈎에서 A가 (+)전하를 갖고 B는 대전되지 않았으므로 접촉 후 A와 B는 모두 (+)전하 갖는다. 그러므로 서로 미는 전기력이 작용한다.

9 ①

a는 영역Ⅱ의 자기장이 크므로 영역Ⅱ만 고려하면 지면으로부터 나오는 자기장의 면적이 늘어나므로 오른손의 엄지손가락이 지면으로 들어가는 방향으로 했을 때 감아진 4손가락의 방향으로 유도 전류가 생기므로 유도된 전류의 방향은 시계방향이다.(앙페르의 오른나사 법칙)
② b는 지면으로부터 나오는 자기장의 면적이 늘어나므로 오른손의 엄지손가락이 지면으로 들어가는 방향으로 했을 때, 감아진 4손가락의 방향으로 유도 전류가 생기므로 유도된 전류의 방향은 시계방향이다.
③ 영역Ⅱ의 자기장은 2B이고 영역Ⅰ의 자기장은 B이며 자기장의 방향이 반대이므로 자기장의 차이가 3B이다. 그러므로 a에 유도된 전류의 세기는 3B에 비례하고 b에 유도된 전류의 세기는 2B에 비례하므로 a에 유도된 전류의 세기가 b에 유도된 전류의 세기보다 1.5배 더 크다.
④ 자기장의 변화가 a가 b보다 1.5배 더 크므로, a에 유도된 기전력은 b에 유도된 기전력보다 1.5배 더 크다.

10 ④

등압 변화에서 기체의 내부 에너지의 증가량은 받은 열량(Q)에서 외부에 한 일(W)를 뺀 값과 같다. 그러므로 ㈐에서 기체의 내부 에너지는 ㈎보다 $Q - W$만큼 크다.
① ㈎는 아직 열량이 주어지지 않았으므로 기체의 온도가 가장 낮다.
② ㈐와 ㈏는 같은 열량을 받았으나 ㈏는 외부로 일을 하지 않았다. 따라서 받은 열량이 모두 내부 에너지 증가량으로 전환되어 기체의 온도가 더 높다.
③ ㈐는 등압 변화이므로 압력의 변화가 없으나 ㈏는 등적 변화이므로 압력이 증가한다.

11 ②

P파는 고체, 액체, 기체 물질을 모두 통과하고 S파는 고체 물질만 통과한다.

① 지진이 C지역에서 최초로 관측된 시각이 오후 4시 1분이고 지진이 발생한 시각은 그 이전일 것이다.

③ 동일한 지진이므로 지진의 규모는 세 관측소 모두 같다.

④ 동일한 지진이라도 진폭이 큰 C가 진도가 가장 크다.

12 ①

㉠ (가)의 우항리 퇴적암층은 중생대의 표준 화석인 공룡 발자국이 발견되었으므로 중생대에 생성된 암층이다.

㉡㉢ 주상 절리는 용암의 빠른 냉각으로 인해 생성되므로 화산암에서 발견된다. 마그마가 지하 깊은 곳에서 천천히 식으면서 형성된 심성암에서는 판상 절리가 발견된다. 화강암은 심성암이다.

13 ②

㉢ 황사 현상은 지권의 모래를 기권의 대기가 옮기므로 지권과 기권의 상호 작용이다.

㉠ 서쪽에서 동쪽으로 황사가 이동하므로 편서풍의 영향을 받는다.

㉡ 황사는 주로 봄철에 건조한 양쯔강 기단의 영향으로 발생한다.

14 ③

지표면이 받은 에너지와 방출한 에너지가 같아야 하므로 (나)에서 a+d=c 이다.

① a는 태양 복사 에너지이고 b는 행성 복사 에너지이다.

② 지표면의 연평균 온도는 온실 효과가 일어나는 (나)가 (가)보다 더 높다.

④ (가)는 대기가 없어 온실 효과가 일어나지 않으므로, 일교차가 커서 지표면의 하루 중 최고 온도에서 최저 온도를 뺀 값이 크다.

15 ②

㉡ 전체 면적의 $\frac{1}{8}$ 을 지나는 동안 1년이 걸렸으므로 공전 주기는 8년이다.

㉠ 면적 속도 일정의 법칙에 의해 공전 속도는 근일점에서 가장 빠르고 원일점에서 가장 느리다.

㉢ 공전 궤도 긴반지름은 조화의 법칙에 의해 $T^2 \propto r^3$ 이다 (T : 공전 주기, r : 공전 궤도 긴반지름). 공전 주기가 8년이므로 $8^2 = r^3$

따라서 공전 궤도 긴반지름은 지구의 4배이다.

16 ②

비공유 전자쌍은 (가)가 2쌍, (나)가 1쌍, (다)는 없다.

① 극성 분자는 (가)와 (나) 2개이다.

③ (다)는 서로 다른 원자 간 공유 결합이 이루어져 있으므로 극성 공유 결합을 갖는 분자이다.

④ 중심 원자에서의 결합각은 (나)가 107˚, (다)가 109.5˚이다.

17 ④

$C_2H_5OH(l) + 3O_2(g) \rightarrow 2CO_2(g) + 3H_2O(g)$

• 에탄올 1몰을 완전 연소시킬 때 필요한 산소는 3몰이다.

• 산소(O_2)의 원자량은 16(O의 원자량)×2=32이다.

• 따라서 에탄올 1몰을 완전 연소하기 위한 산소의 질량은 3×32=96이다.

18 ③

③ 알칼리 금속은 원자 번호가 증가할수록 물과의 반응성이 증가하므로 B는 A보다 물에 대한 반응성이 크다.

① A는 2주기 1족의 원소(Li)이고, B는 3주기 1족의 원소(Na), C는 3주기 2족의 원소(Mg)이다.

② 원자 번호는 B가 11번, C가 12번이므로 B < C 이다.

④ B는 A보다 전자껍질이 하나 더 있어 원자 반지름이 크고, C와는 같은 주기이므로 전자껍질 수는 같지만 핵전하량이 작아서 원자 반지름이 크다. 그러므로 원자 반지름은 B가 가장 크다.

19 ①

(가)에서 BF_3는 비공유 전자쌍을 받으므로 루이스의 산이다.

② 아레니우스의 염기는 물에 들어가서 OH^- 을 내야하므로 (나)에서 NO_3^- 는 아레니우스의 염기가 아니다. H^+ 을 받으므로 브뢴스테드 – 로우리의 염기이다.

③ (다)에서 CH_3NH_2 는 H^+ 을 받으므로 브뢴스테드 – 로우리의 염기이다.

④ (라)의 수용액은 산성이므로 페놀프탈레인을 가하더라도 무색이다.

20 ④

④ B지점의 용액은 염기이므로 염기의 구경꾼 이온인 K^+이 가장 많다.

① A지점에서는 중화되었으나 구경꾼 이온(SO_4^{2-}, K^+)이 존재하므로 용액은 전기전도도가 0이 아니다.

② B지점의 용액에 존재하는 이온의 종류는 두 종류의 구경꾼 이온(K^+, SO_4^{2-})과 수산화 이온(OH^-)이 존재한다.

③ 두 용액이 20mL씩 있을 때 중화되었으나 황산은 2가산이므로 농도는 수산화칼륨이 2배 더 크다.

2017. 6. 17.
제1회 지방직 시행

---

1 ③

주어진 그림은 결실이다. 염색체의 구조 이상으로 나타나는 유전병에는 5번 염색체가 일부 결실된 묘성 증후군이 대표적인 예이다. 터너 증후군, 다운 증후군, 클라인펠터 증후군은 염색체 수의 이상으로 생기는 유전 질환이다.

2 ①

①② 항이뇨 호르몬(ADH)은 체내 삼투압이 높을 때 뇌하수체 후엽에서 분비되어 표적기관인 콩팥에서 수분 재흡수를 촉진하는 호르몬이다.

③④ ADH 분비가 증가하면 수분의 재흡수가 촉진되어 오줌에서 차지하는 물의 양이 줄어들어 소량의 진한 오줌을 배설한다. 대신에 체액의 삼투압이 낮아지고 혈액의 양이 증가하여 혈압이 상승한다.

3 ②

생태계에서 에너지는 상위단계로 갈수록 이동량은 감소하고 효율은 증가한다. 에너지 효율은 $\dfrac{\text{현 단계의 에너지총량}}{\text{전 단계의 에너지총량}} \times 100$이므로 1차 소비자의 에너지 효율은 $\dfrac{100}{1,000} \times 100 = 10\%$이다.

4 ④

암컷은 A와 b, a와 B가 연관되어 있고 수컷은 A와 B가 연관되어 있는 상태에서 동형 접합을 이루고 있다.

④ 암컷의 경우 A와 a가 대립 유전자 관계에 있다. 그러므로 생식세포 형성 시 감수 1분열에서 상동 염색체가 분리되어, 각각 다른 딸세포로 들어간다.

① 이 동물의 염색체는 2n=6이지만 이 중에서 상염색체는 4개, 성염색체가 2개이다.

② 암컷은 상반 연관(Ab, aB)이 존재하므로 난자에는 AB가 동시에 존재할 수 없다.

③ 암컷의 성염색체는 Ee이므로 수컷의 성염색체인 Ef를 가질 수 없다.

5 ①

① 자율신경계는 운동신경으로만 구성되어 있다.

② A는 신경절 이전 뉴런보다 신경절 이후 뉴런이 짧으므로 부교감 신경, B는 교감 신경이다.

③ 말초신경계는 크게 대뇌의 지배를 받는 체성신경계와 시상하부의 지배를 받는 자율신경계로 나뉜다.

④ 신경절에서는 아세틸콜린을 분비하고 교감 신경 말단에서만 아드레날린을 분비한다.

6 ①

물체는 $t = 0$일 때 5m/s로 움직이고 있는 상태에서 일정하게 빨라지는 등가속도 운동을 하고 있다.

① 속도와 시간의 그래프에서 면적은 이동 거리를 나타낸다. 따라서 0초~10초까지의 면적은

$(5 \times 10) + \dfrac{1}{2}(20 - 5) \times 10 = 125$로 물체의 이동거리는 125m이다.

② 가속도의 크기는 그래프의 기울기이므로

$(20 - 5)m/s \div 10s = 1.5m/s^2$이다.

③ $F = ma$에서 가속도의 크기가 일정하므로 물체가 받는 알짜힘의 크기도 일정하다.

④ 속도가 일정하게 증가하므로 알짜힘의 방향과 운동방향은 같다.(반대가 되면 물체의 속력은 느려진다.)

7 ④

①④ 전반사의 정의는 빛이 다른 매질로 입사할 때에 굴절 없이 모두 반사되는 현상을 뜻한다. 전반사의 조건은 빛이 굴절률이 큰 매질에서 작은 매질로 입사해야 하고, 입사각이 임계각(굴절각이 90°일 때의 입사각)보다 커야 된다. 표에서 볼 수 있듯이 입사각이 굴절각보다 작은 경우 n_1이 n_2보다 크므로 굴절률이 큰 매질에서 작은 매질로 입사하는 경우이며, 입사각을 증가시키면 전반사가 일어날 수 있다.

② 입사각이 커지면 굴절각도 커진다.

③ 굴절률이 클수록 빛의 속력은 느려진다.

※ 빛의 굴절

구분	소한매질 → 밀한매질	밀한매질 → 소한매질
입사각과 굴절각의 관계	입사각 I > 굴절각 r	입사각 I < 굴절각 r
상대 굴절률	1보다 크다($n_1 < n_2$)	1보다 작다($n_1 > n_2$)
빛의 속력	감소한다	증가한다
빛의 파장	짧아진다	길어진다
빛의 진동수	변함없다.	

8 ②

제시된 현상은 열역학 제0법칙으로 두 물체가 열적 평형상태에 있다면 둘의 온도는 같다는, 모든 물체의 온도의 존재성을 표현하므로 온도 측정의 이론적 기반이 된다.

① 두 물질의 질량이 같으므로 온도 변화가 큰 A가 B보다 비열이 작다.

③ 고온의 액체 A가 잃은 열량과 저온의 액체 B가 얻은 열량은 서로 같다.

④ 열용량은 온도 변화가 작은 B가 더 크다.

9 ①

유도 전류의 세기는 유도 기전력에 비례한다. 이 때 유도 기전력의 크기는 $E = -N\dfrac{\Delta BS}{\Delta t}$ (단위 : V)인데 문제에서 고리도선의 면적은 일정하므로 시간당 변하는 자기장의 세기로만 판단하면 된다. 자기장의 세기를 나타내면 $c < a = b < d$이다. 그러므로 유도 전류의 세기는 $I_c < I_a = I_b < I_d$이다.

10 ②

①② A는 3→2, B는 4→2, C는 5→2인 궤도로 전자가 전이할 때의 방출선이다. 궤도 차이가 클수록 에너지가 많이 나오므로 진동수는 높아지고 파장은 짧아진다. 따라서 진동수는 $f_A < f_B < f_C$ 순이고, 파장은 $_C\lambda < _B\lambda < _A\lambda$ 순이다.

③ 어떤 금속판의 문턱 진동수가 f_B보다 크다고 했으나 f_C보다 클지 작을지는 알 수 없으므로 광전자가 방출될 수도 있고 방출되지 않을 수도 있다.

④ 진동수가 문턱 진동수보다 작은 빛입자는 아무리 밝게 비추어도 광전 효과는 일어나지 않는다. f_A는 f_B보다 진동수가 작으므로 문턱 진동수를 넘지 못하므로 광전자는 방출되지 않는다.

11 ③

A - 습곡산맥, B - 해구, C - 변환 단층, D - 해령

12 ②

주어진 자료를 보면 전반적으로 여름이 길어지고 겨울이 짧아지고 있다. 시베리아 기단의 영향이 커진다면 반대로 겨울이 길어질 것이다.

13 ①

설악산은 중생대 때 마그마의 대규모 관입으로 지하에서 서서히 냉각되면서 굵은 결정으로 성장하였다가 이후에 융기되면서 형성되었고, 제주도의 주상 절리는 신생대 때 대규모의 화산 폭발로 터져 나온 용암이 빠르게 냉각되면서 가는 입자와 함께 수증기가 빠져 나가면서 생겨난 오각형, 육각형 모양의 기둥모양을 갖추고 있다. 따라서 두 암석은 모두 화산 활동에 의해 생성된 화성암이다.

14 ③

③ C는 캘리포니아 해류로서 수온이 낮고 쿠로시오 해류인 A보다 염분이 낮다.

① A는 쿠로시오 해류로서 염분과 수온이 높다.

② B는 북태평양 해류로서 편서풍의 영향으로 동쪽으로 이동하는 표층 해류이다.

④ D는 남극 순환류이다.

15 ④

제시된 일기도는 우리나라에서 장마철에 나타나는 한랭 전선의 오호츠크 해 기단과 온난 전선의 북태평양 기단이 만난 전형적인 정체 전선이다.

① 일기도의 전선은 장마전선으로 초여름에 주로 나타난다.

② (가)는 북태평양 고기압이다.

③ A 지역은 오호츠크 해 기단의 영향으로 기온이 낮고 B 지역은 북태평양 기단의 영향으로 기온이 높다.

16 ①

온도, 압력이 같은 조건에서 분자량이 다른 세 기체가 동일한 질량으로 존재하고 있다. 각 기체의 분자량은 $H_2 = 2$, $CH_4 = 16$, $O_2 = 32$이다. 따라서 분자량의 비는 $1 : 8 : 16$이다.

㉠ 몰수 $= \dfrac{\text{질량}}{\text{분자량}}$, 질량은 각각 1g씩 존재하므로 몰수의 비는 $16 : 2 : 1$이 된다. 따라서 기체의 몰수는 $O_2 < CH_4 < H_2$이다.

㉡ '원자의 개수 = 분자의 몰수 × 분자 1개를 이루는 원자의 수'이므로 원자 개수의 비는 $16 : 5 : 1$이 된다. 따라서 원자의 개수는 $O_2 < CH_4 < H_2$이다.

㉢ 아보가드로 법칙에 따르면 온도와 압력이 같을 때, 기체의 몰수와 부피는 비례한다. 밀도 $= \dfrac{\text{질량}}{\text{부피}}$이므로 기체의 밀도비는 $1 : 8 : 16$이다. 따라서 기체의 밀도는 $H_2 < CH_4 < O_2$이다.

17 ④

$Mg + 2HCl \rightarrow MgCl_2 + H_2$

마그네슘 1몰이 염산에 녹으면 수소 기체 1몰이 발생한다. 마그네슘의 원자량은 24이고 48g의 몰수는 $\dfrac{48}{24} = 2$몰이므로 수소 기체도 2몰이 발생한다. 기체 1몰의 부피가 22.4L 이므로 발생하는 수소 기체 2몰의 부피는 44.8L이다

18 ③

A는 Li, B는 Na, C는 Al, D는 Cl이다.

B, C, D는 같은 3주기의 원소이다. 같은 주기에서 원자번호가 커질수록 유효 핵전하가 커진다. 전자껍질이 같은 상태(같은 주기)에서 유효 핵전하만 커지면 원자 반지름의 크기는 작아진다.

① A와 B는 같은 1족의 원소이다. 같은 족에서 원자번호가 커질수록 유효 핵전하가 작아진다. 따라서 제1 이온화 에너지는 A가 B보다 크다.

② C는 13족 원소, D는 17족 원소이다.

④ A는 금속 원소, D는 비금속 원소이므로 AD는 이온결합 물질이다.

19 ②

CO_2를 흡수하는 $NaOH$관에서 질량이 88mg 증가하였으므로, 생성된 CO_2는 88mg이다.

그 중 탄소의 질량은 $88mg \times \dfrac{12}{44} = 24mg$이다. 따라서 탄소의 몰수는 $\dfrac{0.024g}{12g/mol} = 0.002mol$이다.

H_2O를 흡수하는 $CaCl_2$관의 질량이 36mg 증가하였으므로, 생성된 H_2O는 36mg이다.

그 중 수소의 질량은 $36mg \times \dfrac{2}{18} = 4mg$이다. 따라서 수소의 몰수는 $\dfrac{0.004g}{1g/mol} = 0.004mol$이다.

탄소와 수소의 몰 수가 $1 : 2$이므로 실험식은 CH_2이다.

20 ②

수산화나트륨과 염산의 이온 반응식은 다음과 같다.

$H^+(aq) + Cl^-(aq) + Na^+(aq) + OH^-(aq)$
$\rightarrow Na^+(aq) + Cl^-(aq) + H_2O(l)$

(가)는 처음부터 일정한 이온수를 가지므로 Na^+, (나)는 이온수가 점점 줄어들다가 없어지므로 OH^-, (다)는 염산의 부피가 b인 지점에서 지속적으로 일정하게 증가하므로 H^+, (라)는 처음부터 지속적으로 일정하게 증가함으로 Cl^- 이다.

염산의 부피가 a인 지점에서는 염기성, b는 중성, c에서는 산성이다.

② 산과 염기의 원자가 같은 경우 중화점에 도달할 때까지는 총 이온수는 같다.(OH^- 이온이 줄어든 만큼 Cl^- 이온이 같은 수만큼 증가한다.)

① 구경꾼 이온은 반응식에서 반응물과 생성물 양쪽에 똑같은 수와 형태로 존재하는 이온이므로 (가)와 (라)이다.

③ 중화반응은 이온 수 N만큼의 (나) 이온이 소진된 b점에서 끝나므로 물 분자 수는 N만큼 존재한다.

④ ㉠는 염기성, ㉢는 산성인 지점이므로 pH는 ㉠이 ㉢보다 크다.

1 ③

㉠ A는 정지 상태에 있으므로 알짜힘이 0이다.

㉡ A가 B를 누르는 힘과 B가 A를 떠받치는 힘은 서로에게 작용점이 있으므로 작용과 반작용의 관계이다.

㉢ 수평면이 B를 떠받치는 힘의 크기는 A와 B의 무게의 합과 같으므로 $3mg$이다.

2 ②

공기 중에서 소리의 속력은 온도가 높을수록 공기 분자 운동 속도가 증가하므로 온도가 높을수록 빠르다.

① 파동은 매질의 진동으로 에너지를 이동시킨다.

③ 전자기파는 매질 없이 전파되는 파동이다.

④ 소리는 종파로 매질의 진동 방향과 파동의 진행 방향이 나란하다.

3 ④

전원의 극을 바꾸면 전구 A에 역방향의 전압이 걸리므로 전류가 흐를 수 없다. 그러므로 A, B 모두 불이 들어오지 않는다.

① 다이오드 A는 전지의 (+)극에 p형이 (−)극에 n형이 연결되어 있으므로 순방향, 다이오드 B는 전지의 (+)극에 n형이 (−)극에 p형이 연결되어 있으므로 역방향의 전압이 걸린다.

② 그림의 회로에서는 다이오드A는 전류가 흐르고 다이오드 B는 전류가 흐르지 않는다. 다이오드 B에 전류가 흐르지 않으므로 전구 B도 전류가 흐르지 않아서 전구 A만 불이 켜진다.

③ 다이오드 A에서는 순방향 전압이 걸려있으므로 양공이 오른쪽으로 전기력을 받아 p-n 접합면 쪽으로 이동하여 전류가 흐르게 된다.

4 ②

이상기체의 부피는 변하지 않고 압력만 증가하는 정적 변화이다.

② 온도가 증가하였으므로 내부에너지도 증가한다.

① $PV = nRT$ 식을 통해 온도가 증가하는 것을 알 수 있다.

③ 부피가 변하지 않으므로 외부에 일을 한 것은 아니다.

④ 일의 양이 0이고 내부에너지가 증가하므로 열량도 증가한다. 즉 흡열이라는 것을 알 수 있다.

5 ①

양성자수는 원자 번호와 같으므로 92이고 중성자수는 질량수 235에서 92를 뺀 143이다.

6 ③

완성된 화학 반응식은 다음과 같다.

$2AgNO_3 + Fe \rightarrow Fe(NO_3)_2 + 2Ag$

③ 철 이온은 2가 이온이고 은 이온은 1가 이온이므로 반응 후 이온의 총 수는 증가한다.

① $a = 2$, $b = 1$, $c = 2$이므로 $a + b + c = 5$이다.

② $Fe \rightarrow Fe^{2+} + 2e^-$: 철은 전자를 잃고 산화된다.

$2Ag^+ + 2e^- \rightarrow 2Ag$: 은은 전자를 얻고 환원된다.

④ 반응 후 원자량이 큰 은이 철판에 석출되므로 철판의 질량은 증가한다.

7 ①

㉠ A 4g이 반응하여 생성된 C의 질량이 5g이므로 반응한 B의 질량은 1g이다.

㉡ 계수(몰수)의 비가 2 : 1 이고 사용된 질량의 비가 4 : 1 이므로 분자량 ($\frac{질량}{몰}$)의 비는 2 : 1이다.

㉢ A와 B는 4 : 1의 질량비로 반응하므로 A 10g과 B의 질량은 2.5g이다. 그러므로 생성되는 C의 질량은 12.5g이다.

8 ①

㉠ 두 이온 모두 Ne과 같은 전자 배치를 하고 있으므로 A는 원자 번호 11번(Na), B는 원자 번호 9번(F)이다. 따라서 A는 3주기, B는 2주기이다.

㉡ 원자 반지름은 3주기 원소인 A가 2주기 원소인 B보다 크다.

㉢ p오비탈에 들어 있는 전자 수는 A는 6개, B는 5개이다.

9 ②

㉠ 실험식은 화합물의 구성원소의 몰 비를 나타낸 화학식이
므로 두 분자의 실험식은 모두 CH_2이다.

㉡ 프로펜은 2중 결합의 길이와 단일 결합의 길이가 다르
고, 사이클로 헥세인은 단일 결합으로만 이루어져 탄소
사이의 결합 길이가 모두 동일하다.

㉢ 모두 C와 H로만 구성된 탄화수소이므로 완전 연소 생성
물은 CO_2와 H_2O이다.

10 ①

BF_3는 평면 정삼각형 구조로 결합각은 120°, CH_4는
정사면체 구조로 결합각은 109.5°, NH_3는 삼각뿔 구
조로 결합각이 107°이다.

11 ②

A는 리보솜으로 단백질의 합성 장소이다. B는 미토콘드리
아이고, 세포 활동에 필요한 에너지를 생산한다. C는 핵으
로 세포의 생명 활동을 통제하고 조절한다. D는 중심립으로
세포분열 시 방추사를 형성한다.

③ 빛에너지를 이용하여 포도당을 합성하는 것은 엽록체이다.

④ 여러 가지 가수 분해 효소가 들어 있어 세포 내 소화를
담당하는 것은 리소좀이다.

12 ③

③ 미토콘드리아에서는 영양소를 이용하여 ATP를 생성하므
로 ㉡ 반응이 일어난다.

① ㉮는 영양소를 흡수하므로 소화계이다.

② ㉰는 순환계이고, 혈액은 순환계를 구성하는 기관이 아
니라 결합 조직이다.

④ 영양소의 에너지는 약 40%만이 ATP로 저장된다.

13 ④

A와 B는 상동 염색체이므로 감수 분열 시 서로 다른 생식
세포로 나뉘어 들어간다.

① 크기와 모양이 동일한 두 염색체로 존재하므로 상동 염색체
이고, 한 쌍이 있으므로 세포의 핵상은 2n이다.

② A와 B는 감수 분열 시 2가 염색체를 형성한다.

③ 상동 염색체의 대립 유전자 구성은 같을 수도 있고, 다
를 수도 있다.

14 ①

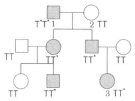

1과 2가 동형 접합체(TT 혹은 T^*T^*)이므로 1과 2의 자식은
모두 이형 접합체(TT^*)이다. 이때, 겉으로 모두 유전병이 발
현되었으므로 유전병이 우성 형질이다.

② 대립 유전자가 X염색체에 있으면 정상 여자(열성)의 아
들은 모두 정상이어야 하지만 가계도는 그렇지 않으므로
상염색체 유전임을 알 수 있다.

③ 유전자형이 동형 접합인 가족 구성원은 1, 2, 그리고 정
상 남자 하나와 정상 여자 둘, 모두 5명이다.

④ 3의 동생이 태어날 때 아버지가 이형 접합체이므로 유전
병 확률은 50%이다.

15 ③

A는 개척자, B는 양수림, C는 음수림이다.

③ 개척자는 균류와 조류의 공생체이다.

① 2차 천이의 개척자는 대부분 초원이다.

② 잎의 평균 두께는 양수림(B)이 음수림(C)보다 두껍다.

④ B에서 C로 천이되는 과정에서 가장 중요한 요인은 햇빛
의 세기이다.

16 ④

A는 표토, B는 심토, C는 모질물이다.

④ 생성 순서는 기반암 → C → A → B이다.

① A층은 죽은 생물체의 유기물과 광물질이 혼합된 층으로
생물 활동이 가장 활발한 층이다.

② B에는 점토질과 산화철 성분이 많이 포함되어 있다.

③ C는 주로 기반암에서 떨어져 나온 물질로 이루어진 층
이다.

17 ①

A는 시베리아 기단, B는 양쯔강 기단, C는 오호츠크해 기
단, D는 북태평양 기단이다.

② B는 온난 건조한 기단이다.

③ C는 해양성 기단이다.

④ 장마 전선은 C와 D에 의해 형성된다.

18 ③

주어진 사례는 런던형(분진형) 스모그에 대한 설명이다.

③ 역전층이 형성되면 대기 확산이 잘 이루어지지 않아서 런던형 스모그가 심해진다.

① 이산화황은 1차 오염 물질이다.

② 이산화황은 런던형 스모그의 주요 원인 물질이고, 광화학적 스모그의 주요 원인 물질은 질소 산화물이다.

④ 런던형 스모그는 건조하고 온도가 낮아 대기 확산이 느린 겨울철에 더 심해진다. 광화학적 스모그는 주로 여름철에 잘 발생한다.

19 ④

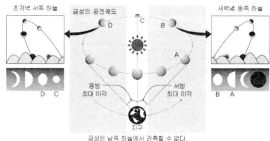

④ D의 위치에서는 우리나라의 초저녁 서쪽 하늘에서 관측할 수 있다.

① A는 서방 최대 이각이다.

② B에 위치할 때 금성은 보름달에 가까운 위상으로 관측된다.

③ 금성은 서방 최대 이각에서 동방 최대 이각(A→B→C→D)으로 이동할 때 순행을 하므로 C에 위치할 때 금성은 순행한다.

20 ④

A는 밀도가 작고 질량이 큰 목성형 행성이고, B는 지구형 행성이다.

④ 자전 주기는 지구형 행성이 목성형 행성보다 길다.

① A는 목성형 행성이다.

② 고리는 A에 있다.

③ 천왕성은 목성형 행성이므로 A에 해당한다.

---

1 ②

㉠ A는 산소 함량이 적은 정맥혈이 흐른다.

㉡ ㉠은 이산화탄소, ㉡은 산소이다.

㉢ 폐포에서 기체 교환 시 에너지를 소모하지 않는 확산을 이용한다.

2 ②

② 포식과 피식은 군집 내의 상호작용에 해당한다.

3 ①

① 바이러스는 독립적으로 증식할 수 없으며, 세균은 독립적으로 증식 가능하다.

②③ 유전 물질은 둘 다 가지고 있으며, 세포막은 세균만 가지고 있다.

④ 물질대사는 둘 다 가능하다. 단 바이러스는 숙주 세포 내에서 물질대사 가능하다.

4 ④

(가)는 항체를 생성하는 형질 세포이며, (나)는 독성 T 림프구이다. 형질 세포는 골수에서 성숙한다. (나)는 2차 방어 작용에 관여하며 식균 작용은 1차 방어 작용에 해당한다.

5 ③

③ F₁에서 표현형이 A_B_인 개체들의 유전자형은 모두 AaBb이다.

①② P에서는 유전자 A와 b가 연관되어 있으며, P에서 꽃가루의 유전자형은 Aa, Bb이다.

④ F₁에서 표현형이 A_bb인 개체가 생성할 수 있는 생식 세포의 유전자형은 Ab이며 aaB_인 개체가 생성할 수 있는 생식 세포의 유전자형은 aB이므로 F₂의 표현형은 A_B_ 한 가지만 가진다.

6 ①

① 전자는 경입자인 렙톤에 속한다.
②③ 중성미자는 전하를 띠지 않으며 약한 상호 작용을 매개하는 입자로 뮤온은 해당하지 않는다.
④ 위 쿼크의 전하량은 $+2/3$이며 아래 쿼크의 전하량은 $-1/3$이다.

7 ③

㉠ 굴절각이 $90°$일 때의 입사각을 임계각이라고 하며 θ가 임계각보다 커지면 굴절되는 빛이 사라지는 전반사 현상이 나타날 수 있다.
㉡ 빛의 속도는 A에서 느리고 B에서는 빠르다.
㉢ 광섬유 제작 시 굴절률이 큰 A를 코어로, 굴절률이 작은 B를 클래딩으로 사용해야 한다.

8 ④

④ 열효율 $= 1 - \dfrac{T_2}{T_1}$ (T_1 : 고열원, T_2 : 저열원)이므로

$1 - \dfrac{600}{T_1} = 0.4$이다.

고열원 T_1은 1000J이고 이때 열기관이 외부에 한 일은 1000J$-$600J=400J이다.

9 ②

② A에서 Q_1과 Q_2에 의한 전기장의 합은 0이므로 $\mathrm{k}\dfrac{Q_1}{d^2}+\mathrm{k}$

$\dfrac{Q_2}{(2d)^2}=0$이며, $\mathrm{k}\dfrac{Q_2}{(2d)^2}=-\mathrm{k}\dfrac{Q_1}{d^2}$에서 $Q_1 : Q_2 = 1 : 4$이다. B

에서 Q_1과 Q_2에 의한 전기장의 합은 $\mathrm{k}\dfrac{1}{(2d)^2}-\mathrm{k}\dfrac{4}{d^2}=-\mathrm{k}\dfrac{15}{4d}$

즉 $\dfrac{15}{4}$N/C 이다.

10 ④

④ x축을 시간, y축은 속력인 그래프를 그려서 등속도 운동한 구간의 시간을 구하면 3초, 등가속도 운동을 한 구간의 시간은 8초 시점이 된다. 즉 전체 시간은 8초이고 전체 이동 거리는 그래프의 넓이를 구해보면 120m가 나오므로 평균 속력은 전체 이동거리를 전체 시간으로 나눈 120m/8s = 15m/s 이다.

11 ③

③ 집광력비는 구경의 제곱과 비례하므로 A:B=16:1이 나오고, 배율은 대물 렌즈 초점 거리를 접안 렌즈 초점 거리로 나누면 A:B=2:1이 된다.

12 ②

① 지표면에 기온 역전층이 형성되면 오염물질 확산이 잘 일어나지 않아 지표면 대기의 오염 농도가 높아진다.
③ 토양의 오염은 수질이나 대기의 오염에 비해 정화되는 속도가 느리고 비용이 많이 든다.
④ 광화학 스모그는 강한 자외선이 자동차 배기가스의 탄화수소와 질소 산화물에 작용해 발생한다.

13 ②

㉠ A 순환은 간접 순환이다.
㉢ (나)의 지상에서는 강수량이 증발량보다 적다.

14 ①

① (가)는 온난 전선이며 (나)는 한랭 전선이다. 온난 전선은 상승기류가 약해 층운형 구름이 생기고 한랭 전선은 상승기류가 강해 적운형 구름이 생긴다.
②③ 전선의 이동 속도는 온난 전선보다 한랭 전선이 빠르며 A 지역에는 남풍 계열의 남동풍이 분다.
④ B 지역은 한랭 전선 뒷면으로 좁은 구역 소나기가 내린다.

15 ④

① A의 달은 상현달이며 달이 뜨는 시각은 매일 조금씩 더 느려진다.
② B는 보름달이며 보름달의 남중고도는 하짓날에 더 낮다.
③ 개기 일식이 관측된다면 달은 B의 반대편에 위치한다.

16 ③

③ 주기율표의 왼쪽 중앙에 속하는 금속 원소의 경우 전자를 잃고 양이온이 되면 전자 껍질 수가 감소하므로 원자보다 이온의 반지름이 더 줄어든다. 그에 반해 주기율표의 오른쪽에 속하는 비금속 원소의 경우 전자를 얻어 음이온이 되면 전자사이 반발력이 증가해 원자보다 이온이 되었을 경우 반지름이 더 증가한다. 즉 A는 전자를 잃고 양이온이 되려는 경향성이 큰 금속 원소이고, B는 비금속 원소이다. B_2 분자의 경우 비공유 전자쌍이 있다.

17 ②

② (나)의 용액은 산성이므로 pH가 7보다 작다.

① (가) 용액은 염기성이므로 페놀프탈레인 용액의 색이 붉게 변한다.

③ (가)와 (나)의 용액을 섞으면 중성이 된다.

④ HCl의 부피가 30mL, NaOH의 부피가 40mL일 때 중화점 이므로 같은 부피일 때 이온의 수는 HCl:NaOH=4:3이다.

18 ①

3주기 원소는 C, D, E 3가지이고 원자 반지름은 등전자 이온의 경우 원자핵의 전하량이 높을수록 핵과 인력이 증가해 감소한다. 즉 원자 반지름은 C가 D보다 크다. 이온 결합 화합물의 경우 녹는점은 전하량의 곱에 비례한다. 즉 CA가 DB보다 녹는점이 더 낮다.

19 ③

(가)는 프로펜으로 2중 결합을 가지는 사슬 모양 불포화 탄화 수소인 알켄이다. (나)는 단일 결합만 가지는 고리 모양 포화 탄화수소인 사이클로 알케인이다.

③ (나)에서 H원자 3개와 결합한 C는 없다.

20 ④

④ (가)와 (나)에서 생성된 이산화탄소의 질량비는 각 물질의 탄소 수와 비례하므로 2 : 3이다.

①②③ X는 C_2H_4, Y는 C_3H_4로 X의 실험식은 CH_2이고 X와 Y의 실험식량의 비는 7 : 20, Y가 X보다 탄소의 질량 백분율이 크다.

2018. 5. 19.
제1회 지방직 시행

---

1 ④

④ (나) 과정은 질화 작용이다.

2 ③

③ 푸른곰팡이의 유무에 따른 세균 증식 가능 여부를 확인 하기 위한 실험이므로 푸른 곰팡이 배양액의 첨가 여부가 조작 변인이다.

3 ①

ⓒ 항원 Y의 1차 감염 시점에서 Y에 대한 1차 면역 반응이 일어나는 시기이므로 항원 Y에 대한 기억세포는 없다.

4 ①

① 신경전달물질은 축삭 돌기 말단에서 분비된다.

5 ②

② (나)는 감수 1분열 시기로 상동 염색체가 분리되어 염색체 수가 절반이 되는 시기이다.

① (가) 시기는 간기에 해당하므로 2가 염색체가 관찰되지 않 고 염색사가 관찰된다.

③ (다) 시기에서는 염색분체가 분열되는 2분열 시기이므로 핵상은 n → n으로 변화가 없다.

④ DNA복제가 일어나는 시기는 (가) 시기이다.

6 ③

③ 중력파, 중력에 의한 시간 팽창, 중력 렌즈, 블랙홀, 수성의 세차 운동은 일반 상대성 이론으로 설명할 수 있는 이론이며, 질량·에너지 동등성, 길이 수축은 특수 상대성 이론으로 설명할 수 있는 이론이다.

7 ③

③ (가)는 폐관으로 파장이 개관인 (나)의 2배이다. 파장과 진 동수는 반비례하므로 진동수는 (가)가 f라고 했을 때 (나)는 $2f$ 가 된다.

8 ②

② x = 2d인 지점에서 자기장의 세기가 0이 되려면 P와 Q 에서 전류의 방향은 같아야 하며 2d와 O사이 거리 : 2d와 3d거리비는 2 : 1이므로 전류의 세기 비는 1 : 2가 되는데 2d 지점에서 자기장의 세기가 0이 되어야 하므로 Q에서 전류 는 P의 절반이 되어야 한다.

9 ①

① 열효율 = $1 - \dfrac{Q_2}{Q_1}$를 이용해 계산해보면 $6Q/Q_1 = 3/4$, $Q_1 = 8Q$이다. 열효율 = $1 - \dfrac{T_2}{T_1}$이므로 $0.25 = 1 - T_2/8T$, 즉 $T_2 = 6T$

10 ④

① F가 작용하기 직전 물체의 속력은 $32 = \frac{1}{2} \times 4 \times v^2$이므로 속력은 4m/s이다.

② a에서 물체의 가속도는 $F = ma$공식을 이용해 구했을 때 $1m/s^2$이다.

③ F의 크기는 나중 운동에너지에서 처음 운동에너지의 양을 뺀 값만큼 일로 전환되었다.

11 ③

ⓒ 봄철에 황사가 심한 이유는 양쯔강 기단의 활성화 때문이다.

12 ①

ⓒ (다)는 쌀알무늬로 태양의 표면인 광구에서 나타나는 현상이다.

13 ④

㉠ A는 저위도에서 상승하는 해수이므로 C보다 수온이 높다.

14 ②

② A는 남반구 동태평양 적도 부근 해역의 평균 해수면 온도차가 큰 엘니뇨이고, B는 라니냐이다. 라니냐의 경우 동태평양 해수의 용승이 강해진다.

15 ④

(가) 수렴형 경계 중 충돌형 경계에 해당하며 히말라야 산맥이 해당되며, 대륙판의 밀도가 작아 마그마가 생성될 만큼 섭입되지 않는다.

(나) 수렴형 경계 중 섭입형 경계이며 안데스 산맥이 해당된다.

16 ④

① 전자가 원형 궤도를 따라 운동한다는 모형은 (다) 보어 모형이다.

② (나)의 경우 원자핵의 존재가 밝혀지기 전 모형이다.

③ (다)에서 에너지의 준위는 불연속적인 값을 갖는다.

④ 가장 먼저 제안된 모형부터 나열하면 (나)→(다)→(가)이다.

17 ③

③ 질산은 산성이며 수산화 바륨은 염기성이다. 즉 산성과 염기성을 혼합해 반응시키는 중화 반응이다. 이 중화 반응에서 알짜 이온은 수소 이온과 수산화 이온이다. 나머지는 이온은 구경꾼 이온이다.

18 ②

② NO는 옥텟을 만족하지 않는다. ONF를 루이스 전자점식으로 나타내 보면 질소 원자에 비공유 전자쌍이 존재하므로 직선형이 될 수 없다. N_2, NO, NO_2, ONF에서 질소의 산화수는 순서대로 0, +2, +4, +3이다.

19 ④

(가)의 SO_2, H_2S, S에서 S의 산화수는 순서대로 +4, -2, 0이다. (나)에서 H_2SO_4의 S 산화수는 +6이다. 또한 Cl_2, HCl에서 Cl의 산화수는 순서대로 0, -1이다. (가)에서 H_2S는 산화되므로 환원제이고 (나)에서 Cl_2는 환원된다.

20 ②

② 입자수 = 몰수 × 아보가드로수이므로 각 보기의 몰수를 비교해 보면 된다. 물 18g의 물 분자는 1몰, 암모니아 17g의 수소 원자수는 3몰, 염화나트륨 58.5g에 들어 있는 전체 이온 수는 2몰, 이산화탄소 기체 44.8L에 들어 있는 이산화탄소는 2몰이다.

2018. 6. 23.
제2회 서울특별시 시행

---

1 ②

② 지구계가 형성되는 과정은 원시 바다 형성 → 최초의 생명체 탄생 → 오존층 형성 → 최초의 육상 생물 출현이다.

2 ③

③ 상피 조직은 동물에 존재하는 조직이다.

3 ④

C^-, D^{2+}는 등전자 이온인데 이러한 경우 핵 전하량이 클수록 핵과 전자 사이 인력이 작용해 이온의 반지름이 감소한다. 즉 D원자의 원자번호가 C보다 크므로 이온 반지름은 C^-가 D^{2+}보다 크다. A의 전자배치는 가능한 홀전자를 많게 배치하는 훈트 규칙에 어긋난다.

④ B^-이온은 전자를 하나 더 얻어야 옥텟규칙을 만족하는 안정한 이온이 된다.

4 ④

(가)는 2가 염색체가 존재하는 감수 1분열시기이고, (나)는 2n=4의 핵상을 가지므로 체세포 분열 중기이다.

④ 감수 1분열 결과 핵상은 절반이 되고 체세포 분열을 할 때는 핵상의 변화가 없다.

5 ④

8, 9번은 귓불 표현형이 분리형인데 분리형 부모 사이에서 부착형 귓불을 가진 10이 태어났기 때문에 분리형이 우성, 부착형이 열성이다. 6과 7은 혈액형에 대한 유전자형이 AO로 같다. 5의 혈액형 유전자형은 AO로 이형접합(=잡종)이다.

6 ③

ⓒ 전기력선은 (+)에서 나와 (−)로 들어가므로 A, B모두 (+)전하를 띤다. 따라서 두 극 사이에서는 척력이 작용한다.

7 ①

① A는 CO, B는 CO_2이다. 즉 B는 XY_2이고 1g당 CO의 몰수는 1/28몰이며 CO_2는 1/44몰이 되므로 X의 질량이 A가 B의 2배가 될 수 없다.

8 ②

A와 C의 전하량의 종류가 같아야 B가 정지해 있을 수 있다. 대전된 전하량은 C가 A보다 크며 A와 B사이에 서로 당기는 힘이 작용하면 B와 C도 당기는 힘이 작용한다.

9 ②

② ㉠ - 화학적 풍화 중 가수 분해, ㉡ - 기계적 풍화, ㉢ - 화학적 풍화 작용에 해당한다.

10 ④

④ X는 붕소, Y는 질소, Z는 플루오린이다. 수소 화합물 XH_3는 극성 공유결합으로 이루어진 극성분자이다.

11 ③

(가)는 온난 전선, (나)는 한랭 전선이다.

① (가)에서 온도는 A가 B보다 높다.

②③ 강수 현상은 B, C에서 나타나며 한랭 전선은 공기의 상승 기류가 강해 적운형 구름이 생기고 소나기가 내리므로 뇌우를 동반하는 경우가 많다.

④ 햇무리나 달무리를 볼 수 있는 것은 온난 전선이다.

12 ③

③ A와 B에는 동일한 가속도가 작용하고 A의 초기 속도는 0이므로 A의 속도는 at이며 B의 초기 속도는 −v이므로 B의 속도는 −v + at이다. t_0일 때 두 물체가 충돌했으므로 두 속도의 절대값은 동일해야 하므로 $at_0 = v − at_0$식을 통해 a=0.5v라는 관계식을 얻게 된다. x축을 시간, y축을 속력으로 그래프를 그려서 풀어보면 A의 경우 속력이 점점 증가하는 그래프에서 x축을 t_0, y축은 v/2인 지점에서의 넓이인 $1/4vt_0$가 거리가 된다. B의 경우 속력이 v/2에서 v로 줄어드는 그래프를 그리는데 v지점에서 시간은 t_0가 된다. 이 때 사다리꼴의 넓이를 구해보면 $3/4vt_0$가 되므로 $L_A : L_B$=1:3이 된다.

13 ③

③ 생산자, 1차 소비자, 2차 소비자, 3차 소비자는 각각 순서대로 C, B, D, A이다. 2차 소비자의 에너지 효율은 15/100 × 100 = 15% 이다.

14 ③

③ C는 바이러스로 핵산을 가지고 있다.

① A는 비감염성 질병으로 다른 사람에게 전염되지 않는다.

② B의 병원체는 세균으로 스스로 물질대사를 할 수 있고 핵산도 가지고 있다.

④ 항생제는 세균을 제거할 때 사용한다.

15 ①

① 진행 속력은 파장/주기 이므로 4cm/8s=0.5cm/s이다. 진동수는 1/8Hz, 진폭은 3cm이고 주기는 8초이다.

16 ①

① 도르래를 통해 연결된 두 물체는 함께 운동하므로 한 물체의 역학적 에너지가 감소하면 나머지 한 물체의 역학적 에너지는 증가한다. 즉 B의 위치 에너지가 감소한 만큼 A의 운동 에너지가 증가한다.

17 ③

① (가)는 아레니우스 산, 브뢴스테드-로우리 산으로 작용하며 (나)와 (다)는 루이스 염기로 작용한다.

② (가)의 중심 원자인 P는 확장된 옥텟이므로 옥텟 규칙을 만족하지 않는다.

④ DNA구조에서 (다)는 다른 종류의 염기와 수소결합으로 연결된다.

18 ②

ⓒ (다)의 NH_3는 양성자 받개로 작용하므로 브뢴스테드-로우리 염기로 작용한다.

19 ④

④ 수압은 깊이가 깊을수록 세진다.

20 ①

① 가설을 설정해 증명하는 연역적 탐구방법에 해당하며 온도는 독립변인 중 통제변인에 해당하며 실험 Ⅰ은 대조실험으로 반드시 실행해야 한다.

2019. 4. 6.
인사혁신처 시행

---

1 ②

생태통로 설치는 산을 절개하여 도로 건설 시 야생 동물의 이동 통로를 설치하여 생태계가 단절되지 않도록 하는 것으로 생물 다양성 보전 대책에 해당한다.

2 ④

① 소포체와 골지체는 세포소기관으로 세포를 구성하는 요소이다.

② 뇌하수체는 기관에 해당한다.

③ 표피세포는 세포에 해당한다.

3 ①

포도당을 산소와 반응시켜 에너지를 얻는 과정은 세포호흡 과정으로 ②, ③, ④는 광합성 과정에 대한 설명이다.

4 ③

(가)는 감염성 질병으로 바이러스에 의한 질병이다. (나)는 감염성 질병으로 세균에 의한 질병이다. 바이러스는 숙주 밖에서는 스스로 물질대사 할 수 없으며 병원체가 체내로 침입시 비특이적면역이 작용해 방어 과정이 일어난다.

5 ②

(가)는 n=4의 핵상을 가지고 있어 체세포에는 8개의 염색체를 가지며 (나)는 2n=4의 핵상을 가지고 있어 체세포에 4개의 염색체를 가지고 있다. 즉 동물 A는 (나), B는 (가)에 해당한다.

② (가)의 감수 1분열 중기에서 세포 1개당 분체수는 16이다.

6 ③

베이스(B)의 약한 신호에 비해 큰 컬렉터(C)의 신호를 얻을 수 있다.

① 트랜지스터는 신호가 0과 1로 구성된 디지털 회로이다.

② 트랜지스터에 대한 설명으로 이미터(E)와 베이스(B)사이에 순방향전압을, 컬렉터(C)와 베이스 사이에 역방향 전압을 걸어줄 때 작동한다.

④ p형 반도체는 주요 전하 나르개가 양공인 반도체이고 n형 반도체는 주요 전하 나르개가 전자인 반도체이다.

7 ①

ⓒ은 작용반작용에 대한 설명이다.

8 ②

㉠ - 전자기파, ㉢ - 진폭, ㉣ - 진동수

9 ②

① 가속도 $a=\dfrac{F}{m}$ 이므로 가속도는 10m/s^2 이다.

③ 충격량 = 운동량의 변화량이므로 $F\Delta t=m_2v_2-m_1v_1$에 대입하면 $20=1(v-0)$ 따라서 20m/s이다.

④ 충격량 = 힘×시간으로 구할 수 있다. 충격량은 운동량의 변화량으로 운동량의 크기는 일정하지 않다.

10 ④

A는 양성자이다.

㉠ 강력은 원자핵 내에서만 작용하는 힘으로 양성자와 중성자를 핵 속에 묶어두는 힘을 의미한다.

㉢ A는 +1의 전하량을 가지고 있고 중성미자는 전하를 띠지 않는다.

11 ②

① 서고동저형의 기압배치를 나타내므로 겨울에 주로 나타나는 일기도이다.

③ C는 온대저기압 한랭전선 뒷부분으로 적운형 구름이 발달하고 좁은 지역 소나기가 내린다.

④ D지역은 저기압 중심부주변 지역으로 지속적으로 시계반대방향으로 바람이 분다.

12 ③

① ㉠은 염화플루오린화탄소(CFC)이다.

② 이 과정에 의해 오존층이 파괴된다.

④ 이 과정이 활발해지면 오존층 파괴로 인해 지표에 도달하는 자외선의 양이 증가한다.

13 ①

조력 발전은 밀물 때 댐에 가두어 둔 물을 썰물 때 흘려보내면서 낙차를 이용하여 터빈을 돌려 전기를 생산하는 방식이다.

14 ④

A는 발산형 경계, B는 수렴형 경계이다. C에서는 해양판과 해양판이 멀어지며 해령이 형성되고 D에서는 습곡산맥이 만들어진다.

15 ③

㉢ 일주권과 지평선이 이루는 각은 90˚− 위도이므로 C지역에서는 50˚이다.

16 ①

전기음성도는 비금속쪽으로 갈수록 크므로 Na 원자보다 Cl 원자가 더 크다.

17 ①

㉢ Ca의 산화수는 +2, C는 +4, O는 −2로 변화가 없으므로 산화−환원반응이 아니다.

㉣ Na의 산화수는 +1, Cl은 −1, H는 +1, S는 +6, O는 −2로 변화가 없으므로 산화−환원반응이 아니다.

18 ②

㉡ Y_2의 공유 전자쌍 수는 3개이다.

㉢ XH_4의 결합각은 109.5˚이다.

19 ④

1몰의 CH_4가 완전 연소될 때 얻어지는 H_2O는 2몰이 얻어지므로 분자 수는 $2N_A$이다.

20 ③

실험 ㈐를 통해 HCl과 KOH의 단위 부피당 이온 수는 1:2임을 알 수 있다.

① ㉠의 액성은 염기성이다.

② ㈏에 KOH 5mL를 추가로 넣으면 액성이 염기성이 된다.

④ 반응에서 생성되는 물의 양은 ㈎와 ㈐가 같다.

2019. 6. 15.
제1회 지방직 시행

1 ③
염색체의 일부가 결실된 것이다.
② 염색체 비분리로 인한 현상은 염색체 수 이상으로 나타난다.
④ 터너 증후군은 성염색체가 X 하나로 구성된 것으로 성염색체 비분리에 의해 일어나는 유전병이다.

2 ④
① ㉠은 고혈당이다.
② 호르몬 A는 인슐린, B는 글루카곤이다.
③ 식사 직후에는 혈당이 높아지므로 혈당을 낮추는 호르몬인 인슐린(호르몬 A)의 분비가 증가한다.

3 ①
A는 단백질, B는 DNA, C는 중성 지방이다.
㉡ DNA의 기본 구성 단위인 뉴클레오타이드는 디옥시리보스 당을 가진다.
㉢ 세포막을 이루는 주요 구성 성분은 인지질이다.

4 ③
① 개체수가 많아질수록 경쟁이 증가한다.
② 환경 저항은 이론상의 생장 곡선과 실제 생장 곡선이 일치하지 않는 시점부터 시작된다.
④ t_2시점에서는 환경저항으로 인해 개체수가 더 이상 증가하지 않는다.

5 ②
3,4번 정상 부모 사이에서 5번의 유전병 자녀가 태어났으므로 열성 유전임을 알 수 있고, 2번 이 유전병인데 3번인 아들은 정상으로 태어났으므로 유전병 유전자는 상염색체에 있음을 알 수 있다.

6 ④
④ 운동량 – 시간 그래프에서 기울기의 크기는 충돌하는 동안 받은 힘의 크기를 나타낸다. $F=ma$에서 가속도 식으

로 변형하면 $a=\dfrac{F}{m}$이다. 그래프에서 기울기 즉 힘의 크기는 $\dfrac{p_0}{2t}$이므로 이를 F에 대입하면 가속도의 크기는 $\dfrac{p_0}{2mt}$이다.

① $p=mv$에 의해 $v=\dfrac{p}{m}$이다. 대입해 보면 $v=\dfrac{p_0}{m}$임을 알 수 있다.
② 알짜힘의 크기는 운동량의 변화량과 같은데 0~2초 동안에 운동량의 변화가 없으므로 알짜힘이 작용하지 않는다.
③ 충격량은 운동량의 변화량인데 3t~5t사이 운동량이 감소했으므로 충격량의 방향은 운동 방향과 반대이다.

7 ②
A는 도체, B는 절연체, C는 반도체이다.
① A는 도체이다.
③ 띠틈의 크기는 B가 C보다 크다.
④ 반도체는 도핑에 의해 전하를 운반하는 물질의 수를 증가시키므로 전기 전도도가 높아진다.

8 ③
③ 5초가 지날 때 속력 $v=v_0+at$로 구하므로 $0+(1\times5)=5m/s$이다.
① 가속도의 크기는 $\dfrac{10-0}{10}=1m/s^2$이다.
② $s=\dfrac{1}{2}at^2$이므로 $\dfrac{1}{2}\times1\times10^2=50m$이다.
④ 거리=속력×시간이므로 $5\times5=25m$이다.

9 ①
A의 감소한 중력 퍼텐셜 에너지만큼 A의 운동 에너지가 생겼으므로 $mgh=3\times\dfrac{1}{2}mv^2$이다. 그런데 이 때 생성된 운동 에너지만큼 B의 중력 퍼텐셜 에너지가 증가했으므로 $mgh=3mgh'$이 된다. 따라서 $h'=\dfrac{1}{3}h$이다.

10 ④
④ 플래시 메모리는 반도체를 이용해서 만든 셀을 기초로 하여 만들어지며 정보를 저장한다.

11 ②

히말라야 산맥은 대륙판과 대륙판의 수렴형 경계인 B에 해당하지만 화산 활동은 거의 없다.

12 ③

대부분의 산소는 해양 생물인 남조류의 광합성에 의해 생성되었는데 대기 중 산소의 양이 늘어나면서 자외선에 의해 산소가 분해되고 결합되는 과정에서 오존층이 만들어졌다. 따라서 오존층이 존재하는 C구간의 대기 중의 산소 농도가 A시기보다 높다.

① ㉠은 태양풍이고, ㉡은 자외선이다.

② 지구 자기장이 태양풍과 유해한 우주선을 막아 주어 지상의 생명체를 보호한다. 따라서 자기권이 없는 A시기의 지구 표면 온도가 B시기보다 높다.

④ 최초의 육상 생물은 대기 중에 오존층이 형성된 이후이므로 C시기에 출현하였다.

13 ①

규모란 진원에서 방출된 총 에너지의 양을 나타내는 지진의 세기이므로 한 지점에서 발생한 지진을 A, B에서 관측하더라도 같다.

② P파의 진행 속도가 S파보다 빠르다.

③ PS시는 P파가 도달한 후 S파 도달할 때까지 걸린 시간으로, 진원 거리에 비례한다. 따라서 진앙과 관측소 사이의 거리는 B보다 A가 더 가깝다.

④ PS시는 관측소 A보다 B에서 더 길게 나타난다.

14 ②

BOD값이 클수록 수질이 나쁘고 수질이 가장 많이 개선된 곳일수록 BOD감소량이 크다.

㉠ 수질이 가장 개선된 곳은 C이다.

㉢ A는 BOD 값이 증가하다 감소하므로 지속적으로 수질이 개선되었다고 볼 수 없다.

15 ④

관측자의 위도=천구의 북극(북극성)의 고도=천정의 적위이고, 남중고도=90°−위도+적위이다.

즉 29=90−37.5+적위이므로 적위 값은 −23.5로 동지에 해당한다.

① 동지때는 밤의 길이가 낮보다 길다.

② 적경은 18h이다.

③ 태양의 적위는 −23.5°이다.

16 ②

② 산화수 변화가 없으므로 산화 환원 반응이 아닌 중화반응이다.

① Mg의 산화수가 0에서 +2로 변했고 H의 산화수는 −1에서 0으로 변했으므로 Mg이 산화, H는 환원되었다.

③ Cu의 산화수가 +2에서 0으로 변했고 H의 산화수가 0에서 +1로 변했으므로 H가 산화, Cu는 환원되었다.

④ C의 산화수가 0에서 +4로 변했고 O의 산화수는 0에서 −2로 변했으므로 C가 산화, O는 환원되었다.

17 ①

네 가지 이온은 모두 전자수가 같은 등전자 이온으로 이런 경우 원자핵 전하량이 클수록 이온의 크기가 작아진다. 따라서 원자번호가 큰 이온이 가장 작고 원자 번호가 클수록 크기가 커진다.

18 ③

$a=3$, $b=2$, $c=3$이다. 에탄올의 완전 연소 시 필요한 산소 기체의 부피는 $t°C$, 1기압에서 1.8L이므로 $\frac{1.8}{24}$ 몰이며, 이때 반응하는 에탄올은 $\frac{0.6}{24}=\frac{1}{40}$ 몰으로, 반응한 에탄올의 질량은 $46×\frac{1}{40}=1.15g$이다.

④ 분자수는 몰수×아보가드로수로 계산하므로 몰수를 비교하면 되는데 화학반응식에서 반응물의 총 몰수는 4몰, 생성물의 총 몰수는 5몰로 다르다.

19 ②

인산을 구성하는 원소 중 인의 경우 확장된 옥텟이 적용되므로 옥텟 규칙에 위배된다.

20 ④

원자수는 몰수×아보가드로 수 이므로 몰수가 많으면 원자 수도 많다. 따라서 H원자의 몰수를 비교해보면

① $\frac{9}{18}×2=1$몰

② $0.5×3=1.5$몰

③ $\frac{3.01×10^{23}}{6.02×10^{23}}×2=1$몰

④ $\frac{11.2}{22.4}×4=2$몰

따라서 ④번의 수소 원자의 수가 가장 많다.

1 ②

미행성체 충돌에 의해 지구 크기가 점차 커졌고 미행성의 충돌열과 수증기의 온실 효과로 지구 온도가 상승해 지구 전체가 녹아 마그마 바다를 형성하였다. 그 이후 핵과 맨틀이 분리되었고 미행성의 충돌이 줄어들면서 지표가 냉각되어 원시 지각을 형성했으며 대기 중의 수증기가 응결해 내린 비가 모이면서 원시 바다를 형성했다.

2 ④

ⓐ는 조직, ⓑ는 기관, ⓒ는 기관계, ⓓ는 조직계이다.
① 서로 비슷한 기능을 하는 세포가 모여 조직이 된다.
② 혈액은 조직, 혈관은 기관에 속한다.

3 ③

㉠은 Fe, ㉡은 NH_3, ㉢은 H_2O, ㉣은 $C_6H_{12}O_6$이다.
① Fe는 원소이다.
② NH_3는 분자이며 화합물이다.
④ H_2O는 H,O로, $C_6H_{12}O_6$은 C,H,O로 구성된 화합물이다.

4 ③

① 천발 지진은 B나 C지역에서 많이 발생한다.
② 변환단층을 따라 천발 지진이 발생한다.
④ 해령은 새로운 해양 지각이 생성되는 곳으로 C에서 D로 갈수록 해양 지각의 나이가 많아진다.

5 ③

실의 장력이 같으므로

• 줄1이 A에 작용하는 힘 → $\frac{1}{2}mg$

• 줄1이 B에 작용하는 힘 → $\frac{1}{2}mg$으로 같다.

물체 A, B, C에 작용하는 전체 힘의 크기 = $3mg$이다.
① $a=\frac{F}{m}$이므로 $a=\frac{3m}{6m}g=\frac{1}{2}g$이다.
② • A의 알짜힘 → A에 작용하는 알짜힘은 줄1을 통해 받는다. 즉 줄의 장력은 A의 알짜힘과 같다. $F=ma$이므

로 $F=\frac{1}{2}mg$이다.
• B의 알짜힘 → 물체 C는 $3mg$의 힘을 받고 있고 C의 알짜힘은 $3m \times \frac{1}{2}g=\frac{3}{2}mg$이다. 따라서 C의 알짜힘은 $3mg-$줄의 장력$=\frac{3}{2}mg$이다. 즉 줄의 장력은 $\frac{3}{2}mg$이다. 이 힘이 B에 줄2가 작용하는 힘과 같으므로 줄2의 장력도 $\frac{3}{2}mg$이다. 따라서 B의 알짜힘은 $\frac{3}{2}mg-\frac{1}{2}mg=mg$이다.
④ 줄2가 B에 작용하는 힘의 크기는 $\frac{3}{2}mg$, 줄1이 B에 작용하는 힘의 크기는 $\frac{1}{2}mg$이다.

6 ①

체세포분열은 동일한 세포를 2개 만드는 과정으로 모세포 1개가 분열해 2개의 동일한 딸세포를 만든다.
② A는 전기에 해당한다.
③ 이 식물 세포의 핵상은 2n=6이다.
④ 감수 1분열에서 이미 상동염색체가 분리되므로 감수 2분열에서는 상동염색체가 함께 있는 모습은 관찰할 수 없다.

7 ①

양끝이 고정된 줄의 길이가 L일 때 파장은 2L이므로 A와 B의 파장의 비는 2:1이다. 그러나 파장과 진동수는 반비례하므로 진동수의 비는 1:2이다.

8 ②

시간 – 속도 그래프에서 넓이는 이동 거리이므로 0~2초 동안의 그래프 넓이를 구하면 12m가 나온다.
① 1~2초 동안 속도가 일정하게 감소하므로 등가속도 운동을 한다.
③ 속도 – 시간 그래프에서 가속도의 크기는 그래프의 기울기와 같으므로 2.5초일 때 가속도의 크기는 $4m/s^2$이다.
④ 2~4초 동안 평균 속도의 크기는 $\frac{전체\ 이동\ 거리}{전체\ 걸린\ 시간}$이므로 $\frac{6}{2}$=3m/s이다.

9 ④

ㄱ 수소원자에서 전자를 떼어내려면 n=1에서 무한대로 떼어내는 만큼의 에너지가 든다.

ㄴ 전자 전이 B는 가시광선 영역의 빛을 방출하는 발머 계열에 해당한다.

10 ①

위의 자석이 고리 중심축을 지나기 직전에 유도 전류의 방향이 ⓐ로 유도되었으므로 자석의 아래쪽이 N극, 윗면은 S극임을 알 수 있다.

② 막대 자석이 q를 지나는 순간, 금속 고리에 유도되는 전류의 방향은 ⓐ와 반대 방향이다.

③ 막대 자석이 q를 지나는 순간, 막대 자석과 금속 고리 사이에 서로 당기는 힘이 작용한다.

④ 막대 자석이 p를 지나는 순간, 막대 자석과 금속 고리 사이에 서로 미는 힘이 작용한다.

11 ①

⑺는 온난 전선, ⑼는 한랭 전선이다.

② 온난 전선의 이동 속도가 한랭 전선의 이동속도보다 느리다.

③ 한랭 전선 후면에서는 좁은 지역에 소나기가 온다.

④ 온난 전선면에서는 층운형 구름이 발달한다.

12 ②

E는 17족 원소로 전자 하나를 얻어 −1가 음이온이 되기가 가장 쉽다.

① A와 C의 원자가 전자 수는 0이다.

③ 비활성 기체는 A와 C이다.

④ 이온 반지름은 D의 경우 전자를 잃어 +1가 양이온이 되므로 전자 껍질이 하나 줄어들고 E의 경우 전자를 하나 얻어 −1가의 음이온이 되므로 전자 반발력에 의해 크기가 커진다. 따라서 이온 반지름은 E가 D보다 크다.

13 ①

⑺는 라니냐, ⑼는 엘니뇨 발생 시기이다.

② 무역풍의 세기는 라니냐 때 평소보다 강하고 엘니뇨 때는 평소보다 무역풍이 약하다.

③ A해역에서의 용승 현상은 라니냐 때 강화된다.

④ A해역의 해수면의 높이는 엘니뇨 때 강수 증가로 높아진다.

14 ②

호르몬은 미량으로 생리작용을 도와주며 양이 적을 경우에는 결핍증, 많을 때는 과다증이 따른다.

15 ④

⑺는 공유전자쌍만 4쌍이므로 사면체형에 해당한다. ⑺와 ⑼는 무극성 분자이고 ⑽는 극성 분자이므로 쌍극자 모멘트 합은 ⑽가 가장 크다.

16 ④

$HCl + M \rightarrow H_2 + MCl_2$의 화학 반응이 일어난다.

① 수소 이온은 환원되어 수소 이온이 된다.

② 산화 환원 반응은 동시에 일어난다.

③ 금속 M은 산화되어 M^{2+}가 된다.

17 ④

① 기체는 열 Q를 받아 온도가 증가한다.

② 기체는 외부로 일을 할 수 있다.

③ 열에너지를 흡수했으므로 평균 속력은 증가한다.

18 ①

베르누이 법칙에 따라 유체의 밀도를 ρ, 유체의 속력을 v, 유체의 압력을 P라고 할 때 $P + \rho gh + \frac{1}{2}\rho v^2 =$ 일정하다. 따라서 A지점과 B지점에서의 값을 대입해 보면 B지점의 속력은 2m/s가 나오는데 속력과 단면적은 반비례하므로 속력의 비가 A : B = 4 : 1 이므로 단면적의 비는 A : B = 4 : 1이 된다. 따라서 B의 단면적 S = 4cm²이다.

19 ②

a∼b까지 가는 데 걸리는 시간을 항성월이라 하고 항성월은 27.3일이다. a∼c까지 가는 데 걸리는 시간은 삭망월이라 하고 29.5일이다.

① a위치에서 달은 망으로 관찰된다.

③ a∼c까지 가는 데 걸리는 시간을 삭망월이라고 한다.

④ b의 위치에서 달은 상현달과 보름달(망) 사이의 모양을 띠고 있다.

20 ③

⑦은 B림프구, ⓒ은 보조T림프구, ⓒ는 형질세포이다. 보조T림프구는 체액성 면역과 세포성 면역을 모두 활성화 시킨다.

① 세포 ⑦, ⓒ의 핵상은 모두 2n으로 동일하다.
② 세포 ⑦은 골수에서 생성되어 골수에서 성숙한다.
④ 세포 ⓒ은 한 가지 항원에 대해 한 종류의 항체만 생성할 수 있다.

---

1 ③

ⓒ 양성자 또는 수소양이온(H^+)을 방출할 수 있는 것이 산이며, 양성자 또는 수소양이온(H^+)을 수용할 수 있는 것이 염기이다. CH_3NH_2는 화학 반응으로 수소양이온(H^+) 하나를 얻었으므로, 브뢴스테-로우리 염기이다.

2 ①

⑦와 ⓒ의 산화수를 정리하면 다음과 같다.

(가) $CuO + H_2 \rightarrow Cu + H_2O$
　　 $+2,-2$　0　　0　$+1\times2,-2$

(나) $Cu_2S + O_2 \rightarrow 2Cu + SO_2$
　　 $+1\times2,-2$　0　　0　$+4,-2\times2$

⑦ 산화 환원 반응에서 자신은 환원되면서 다른 물질을 산화시키는 물질을 산화제라고 한다. ⑦에서 CuO는 산소를 잃고 환원되므로 산화제이다.

ⓒ (나)에서 O의 산화수는 0에서 −2로 감소한다. 따라서 O는 환원된다.

ⓒ (나)에서 S의 산화수는 −2에서 +4로 증가한다. 따라서 S는 산화된다.

3 ④

원자는 원자핵을 구성하는 양성자와 중성자, 그리고 전자로 이루어진다.

⑦ a와 b는 원자핵을 구성하는 입자, 즉 양성자와 중성자인데 Y는 중성 원자이므로 a는 양성자, b는 중성자, c는 전자가 된다.

ⓒ X이온은 양성자의 수(11) > 전자의 수(10)보다 많으므로 양이온이다.

ⓒ Y원자는 원자번호 10번인 Ne(네온)이다.

※ **원자의 구조와 네온의 구조**

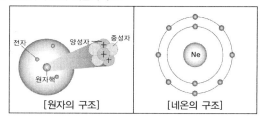

4 ②

⑦ 파울리의 배타 원리는 1924년 W. 파울리가 발견한 법칙으로, 다수의 전자를 포함하는 계에서 2개 이상의 전자가 같은 양자상태를 취하지 않는다는 법칙이다. (가)는 하나의 오비탈에 최대 2개의 전자가 채워졌고, 두 전자의 스핀 방향이 서로 다르므로 파울리 배타 원리에 어긋나지 않는다.

ⓒⓒ 훈트 규칙은 에너지 준위가 같은 오비탈에 전자가 채워질 때 가능한 한 전자는 쌍을 이루지 않게 배치될 때 가장 안정한다는 규칙으로, 원자 번호가 6번인 탄소의 바닥 상태의 전자 배치는 (나) $1s^2 2s^2 2p^2$이고, (다)는 훈트 규칙을 만족하지 않는다.

5 ④

⑦ 온도와 압력이 일정할 때 '부피비 = 몰수비'이다. 기체 (가)와 (나)는 질량이 같으므로 질량을 x라고 할 때 $11:8$

$= \dfrac{x}{X_2} : \dfrac{x}{YX_2}$ 이 성립한다. ($\because$ 몰수 $= \dfrac{질량}{분자량}$ 이므로)

따라서 분자량은 $YX_2 > X_2$이다.

ⓒ 기체 (가)는 분자를 구성하는 원자 수가 2개이고 기체 (나)는 3개이므로, 기체 (가)와 (나)의 원자 수의 비는 $2 \times 11 : 3 \times 8 = 22 : 24 = 11 : 12$이다.

ⓒ '원자량비 $= \dfrac{질량비}{몰수비} = \dfrac{질량비}{부피비}$'가 성립하므로 질량이 같은 기체 (가)와 (나)의 원자량비는 부피비의 역수이다. 따라서 기체 (가)와 (나)의 원자량비가 $8 : 11$이므로 $2X = 8$, $2X + Y = 11$의 두 식을 연립하여 풀면 X와 Y의 원자량의 비는 $4 : 3$이다.

6 ③

㉠ α는 양성자 2개와 중성자 2개로 이루어진다. 전자가 없으므로 α는 양전하를 띤다.

㉡ β는 전자의 흐름으로 음전하를 띤다.

㉢ 방사선의 투과력은 $\alpha < \beta < \gamma$ 순이다.

7 ④

빛 에너지를 받은 물질이 전자를 방출하는 효과를 광전효과라고 하고, 이때 방출되는 전자를 광전자라고 한다.

㉠ 어떤 물질이 그 물질 고유의 일함수 이상의 광자 에너지를 받으면 광전자를 방출하는데, 빛의 세기를 증가시켜도 광자 에너지가 일함수보다 낮으면 광전자는 방출되지 않는다.

㉡ 더 큰 진동수를 가지는 빛, 즉, 더 큰 광자 에너지를 가지는 빛을 비춰 방출되는 광전자는 상대적으로 더 큰 최대 운동에너지를 가진다.

㉢ 같은 빛을 비추었을 때 A에서는 광전효과가 나타나고 B에서는 나타나지 않았으므로, 일함수의 크기는 B가 A보다 크다.

8 ③

㉠ 이상 기체의 내부 에너지는 외부로부터 일을 받은 (나)가 (가)보다 크다.

㉡ 이상 기체의 내부 에너지는 온도에 비례한다. 따라서 내부 에너지가 더 큰 (나)가 온도가 더 높고, 온도가 더 높은 (나)의 분자 평균 속력이 (가)보다 크다.

㉢ 이상 기체의 압력은 (나)가 (가)보다 크다.

9 ④

㉠ (나)에서 2초 동안 A의 운동량이 $8kg \cdot \frac{m}{s}$이므로, 2초일 때 질량이 2kg인 물체 A의 속도는 $4\frac{m}{s}$이다. 따라서 가속도는 $\dfrac{4\frac{m}{s}}{2s} = 2\frac{m}{s^2}$이다.

㉡㉢ (가)에서 $F = ma$이므로 $6N = m \times 2\frac{m}{s^2}$이다. 따라서 m $= 3kg$이고, 물체 B의 질량은 1kg, B에 작용한 알짜힘의 크기는 $1 \times 2 = 2N$이다.

10 ②

㉠㉡ A는 $(+)$전하, B는 $(-)$전하로, 그 종류가 다르다.

㉢ $F = k\dfrac{q_1 q_2}{r^2}$이므로 A의 전하량의 크기는 B의 4배이다.

11 ②

A – ㉢ : 물질대사

B – ㉠ : 적응과 진화

C – ㉣ : 자극에 대한 반응

D – ㉡ : 항상성 유지

12 ④

㉠ 유전자형이 AA'인 민수 어머니는 정상이므로 A'는 열성 유전자이다.

13 ④

- 이중막으로 싸여있다. → 핵, 엽록체 : a
- 염색사를 가지고 있다. → 핵 : c
- 주로 동물에만 있다. → 중심립 : b
- 주로 식물에만 있다. → 엽록체, 액포 : d

A : 핵, B : 엽록체, C : 중심립, D : 액포

㉡ 세포 내에서 가장 크고 뚜렷한 것은 핵이다.

㉢ ATP를 생성하는 기관은 미토콘드리아이다.

㉣ 단백질 합성에 관여하는 것은 리보솜이다.

14 ②

㉠ 백신 A와 B는 두 독감의 항원이다.

㉢ 독감균에 감염된 후 항체 B의 농도가 급증하였다. 따라서 독감 B는 면역이 잘 이루어지는 종류이다.

15 ②

㉡㉢ A는 양수림, B는 음수림, C는 생장량이다.

㉠ 산불 이후의 천이 과정이므로 (가)는 2차 천이 과정이다.

㉣ (가)에서 천이가 진행될수록 지표면에 도달하는 빛의 양은 줄어든다.

㉤ 지의류는 1차 천이의 개척자이다. 2차 천이 과정의 개척자는 초본이다.

16 ①

㉣ 엘니뇨 현상 : 기권과 수권이 상호 작용

㉤ 판의 운동, 대륙의 이동 : 지권과 지권의 상호 작용

17 ②

ⓒ 수증기량과 증발량의 증가로 사막화 심화

ⓔ 극지방 반사율 감소로 대기 온도 추가 상승

18 ①

A는 표토, B는 심토, C는 모질물이다.

ⓒ 미생물에 의한 양분의 가용화는 A층인 표토에서 가장 활발하다.

ⓔ 산화철이 풍부한 것은 B층인 심토이다.

19 ①

① 독도가 울릉도보다 먼저 생겼다.

20 ③

ⓒ 화산활동은 B 지점보다 C 지점이 더 활발하다.

ⓒ C 지점은 호상 열도와 같은 지형이 발달한다.

※ 해구와 호상열도

2020. 6. 13.
제1회 지방직/제2회 서울특별시 시행

---

1 ③

㈎ 소화계 : 음식물 속 영양소를 세포가 흡수할 수 있는 작은 크기로 분해하여 흡수

㈏ 호흡계 : 세포 호흡에 필요한 산소를 흡수하고, 호흡의 결과 발생하는 이산화탄소를 배출

㈐ 배설계 : 요소와 같은 질소 노폐물을 걸러 오줌의 형태로 몸 밖으로 배설

ⓒ 암모니아는 간에서 요소로 전환된 후 물과 함께 오줌을 통해 몸 밖으로 배설된다.

2 ①

ⓒ 상호 작용, ⓒ 작용, ⓒ 반작용이다.

① 개체군은 한곳에서 같이 생활하는 한 종의 생물 개체의 집단을 말한다.

3 ④

④ 상염색체 수는 44이고, 상염색체의 염색 분체 수는 88이다.

※ **상동염색체와 염색분체**

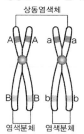

상동염색체

염색분체   염색분체

4 ③

• 탈분극 : 역치 이상의 자극에 의해 Na^+ 통로가 먼저 열리고 Na^+이 세포 안으로 유입→세포 내 양전하 증가

• 재분극 : 전압이 정점에 이르면 Na^+ 통로가 닫히면서 Na^+의 유입은 멈추고, K^+ 통로가 열려 K^+이 급속히 세포 밖으로 유출→세포 내 양전하 감소

ⓒ t_1에서는 Na^+의 막 투과도가 크고, t_2에서는 K^+의 막 투과도가 크다. 따라서 $\dfrac{Na^+의\ 막\ 투과도}{K^+의\ 막\ 투과도}$는 t_1일 때가 더 크다.

5 ④

• ㈎의 혈액이 항A 혈청에는 응집 반응이 일어나지 않고, 항B 혈청에는 응집 반응이 일어났으므로 ㈎는 B형이다.

• 응집원 B를 갖고 있는 ㈎의 적혈구와 ㈏의 혈장을 섞었더니 응집 반응이 일어났으므로, ㈏의 혈장에는 응집소 β가 있다. 따라서 ㈏는 A형 또는 O형이다.

• ㈏의 적혈구와 ㈎의 혈장을 섞었더니 응집 반응이 일어나지 않았다. 따라서 ㈏는 O형이다.

ⓒ ㈎의 혈액형은 B형이다.

ⓒ ㈎는 B형, ㈏는 O형이므로 둘의 혈장에는 모두 응집소 α가 있다.

ⓒ ㈏는 O형이므로 ㈏의 적혈구와 항A 혈청을 섞으면 응집 반응이 일어나지 않는다.

6 ④

제시된 그림에서 외부 자기장을 제거했을 때도 자기모멘트가 한 방향으로 정렬하고 있으므로 이 물질은 강자성체이다.
④ 마이스너 효과는 초전도체가 자기장을 밀어내는 현상으로, 이는 초전도체가 매우 강한 반자성을 띠기 때문에 생긴다.

7 ①

• 매질 B와 매질 C의 경계면에서 전반사하였으므로, 매질 B의 굴절률 n_B는 매질 C의 굴절률 n_C보다 크다. → $n_B > n_C$
• 매질 B와 매질 A의 경계면에서 θ_1으로 입사한 빛이 θ_2로 굴절하여 진행하였는데, 이때 $\theta_1 > \theta_2$이므로 매질 A의 굴절률 n_A는 매질 B의 굴절률 n_B보다 크다. → $n_A > n_B$
따라서 $n_A > n_B > n_C$ 순이다.

8 ③

• 보일의 법칙 : 일정온도에서 기체의 압력과 그 부피는 서로 반비례한다. → $PV = k$
• 샤를의 법칙 : 기체의 부피는 기체의 온도에 비례한다. → $\dfrac{V}{T} = k$
③ B→C는 부피는 그대로인데 압력이 반으로 줄어들었으므로 온도가 높아졌음을 알 수 있다.
① A→B는 압력은 같은데 부피는 2배가 되었다. 따라서 온도도 2배가 된다. 즉, 기체의 온도는 B에서가 A에서보다 높다.
② A→B에서 기체가 외부에 한 일은 2PV이다.
④ B→C에서 기체가 외부에 한 일은 0이다.

9 ③

• 높이 h인 곳에 가만히 있을 때의 에너지 : mgh
• P점에서의 에너지 : 위치 에너지($= \dfrac{2}{3}mgh$) + 운동 에너지
  ($= \dfrac{1}{3}mgh$)
• Q점에서의 에너지 : 위치 에너지($= \dfrac{1}{3}mgh$) + 운동 에너지
  ($= \dfrac{2}{3}mgh$)
따라서 P와 Q의 높이 차이는 $\dfrac{2}{3} - \dfrac{1}{3} = \dfrac{1}{3}$이다.

10 ②

그래프에서 운동량의 변화량은 기울기에 해당한다.
ⓒ 충격량은 운동량의 변화량과 동일하므로, 0~6초 동안 물체가 받은 충격량은 0이다.
ⓐ F = ma에서 질량이 2kg이므로 0~2초 동안 물체의 가속도의 크기는 5㎧이다.
ⓑ 그래프상에서 2~4초 동안 운동량이 일정하므로 등속 직선 운동을 한다.

11 ③

(가) 연흔, (나) 건열, (다) 사층리
③ (다)는 사층리로 과거에 물이 흘렀던 방향이나 바람이 불었던 방향을 알 수 있다.
① (가)는 연흔이다.
② (나)는 건열로 지표면에 퇴적된 점토질 퇴적물에서 수분이 증발하여 표면이 수축하며 갈라진 모양으로 나타나는 퇴적 구조이다.
④ 지층이 역전된 것은 (가)와 (나)이다.
※ **퇴적 구조**

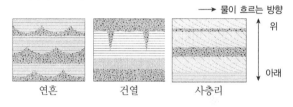

연흔　　　　건열　　　　사층리

12 ①

A : 보존형 경계, B : 발산형 경계, C : 수렴형 경계
① A는 보존형 경계로 접촉면을 따라서 천발지진이 자주 발생한다.
② B는 열곡이다. 해구는 C이다.
③ C는 맨틀 하강부로 수렴형 경계이다.
④ C 부근에서는 대륙 쪽으로 갈수록 지진의 진원 깊이가 깊어진다.

13 ②

ⓐ 중력 렌즈 효과란 무거운 질량을 가진 천체로 인하여 배경의 빛이 구부려져, 마치 렌즈를 통과하여 오는 것처럼 보이는 현상을 말한다. 제시된 그림에서 중심별 A의 밝기가 어두워지는 것은 행성 뒤로 가려지는 식 현상과 관련 있다.
ⓒ 이 탐사 방법은 행성의 공전 궤도면이 관측자의 시선 방향에 수평에 가까울수록 관측자에 더 유리하다.

14 ④

④ 북위 30° 지역을 기준으로 ㈎는 근일점일 때 겨울, 원일점일 때 여름이고, ㈐는 근일점일 때 여름, 원일점일 때 겨울이다. 따라서 기온의 연교차는 ㈐가 ㈎보다 크다.

① 회전축이 돌고 있으므로 ㈎에서 ㈐로 변하는 기후 변화의 지구 외적 요인은 세차운동이다.

② ㈎의 경우 근일점에서 북반구는 겨울철이다.

③ 세차운동의 주기는 26,000년이다. 따라서 ㈎에서 ㈐로 변하는 데 13,000년이 걸리고 다시 원래대로 돌아오는 데 26,000년이 걸린다.

15 ②

㈐ 그림에서 A, C는 라이먼 계열, B는 발머 계열이다.

② A 전이는 라이먼 계열이다.

① ㉠의 파장이 ㉡보다 짧으므로 진동수와 에너지는 크다.

③ C 전이는 라이먼 계열이다.

④ A가 B보다 에너지가 크므로, 빛의 파장은 A가 B보다 짧다. 즉, B가 더 길다.

※ 수소 원자의 선 스펙트럼

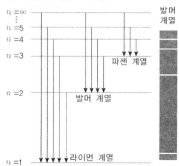

16 ①

㉠ 풍향이 북동풍에서 북서풍으로 변화하였으므로, ㈐ 관측소는 태풍 중심이 진행하는 경로의 왼쪽에 위치하였다. (※ 태풍의 중심이 진행하는 경로의 왼쪽은 반시계 방향으로 바람이 이동한다.)

㉡ 야간에는 태양광이 없기 때문에 오직 낮에만 가시영상을 사용할 수 있다. 따라서 야간에는 지구에서 방출하는 적외영역 복사량을 측정한 적외영상으로 측정한다.

㉢ 이 기간 동안 북태평양 고기압이 더욱 강해졌다면 태풍을 밀어내어 태풍 중심의 이동 경로는 ㈎의 이동 경로보다 서쪽으로 치우쳤을 것이다.

17 ①

분자의 구조모형

구분	화학식	분자 모형	결합각
무극성 분자	$BeCl_2$	직선형	180°
	BCl_3	평면삼각형	120°
	CF_4	정사면체	109.5°
극성 분자	NH_3	삼각뿔	107°
	H_2O	굽은형	104.5°

18 ②

• $H^+ + Cl^- \rightarrow HCl$

• $Ca^{2+} + 2OH^- \rightarrow Ca(OH)_2$

㉡ ㈎의 총 이온 수는 3개(Ca^{2+} 1개, Cl^- 2개), ㈐의 총 이온 수는 6개(Ca^{2+} 2개, OH^- 2개, Cl^- 2개)로 2배이다.

㉠ ㈎는 중화점이므로 BTB를 소량 가하면 녹색이 된다.

㉢ 중화점이 ㈎이므로 ㈐와 ㈏에서 생성된 물의 양은 동일하다.

19 ③

③ (나)에서 H의 산화수는 1에서 0으로 감소한다.

①④ (다)의 MgO+2HCl→MgCl$_2$+H$_2$O 가 되는 과정에서 산화수가 동일하므로 산화 환원 반응이 아니고, MgO는 환원제가 아니다.

② (가)에서 기체 A는 산소로, 산소는 환원되고 마그네슘은 산화된다.

20 ④

구분	P	V	n	T
(가) XY$_3$	1	1	1	1
(나) Y$_2$Z$_2$	1	2	2	1

③④ 총 원자 수는 (나) 8개, (가) 4개로 (나)가 (가)의 2배이다. 따라서 질량이 1g으로 같으려면, 총 원자 수는 XY$_3$가 Y$_2$Z$_2$의 2배가 되어야 한다.

① XY$_3$의 질량은 m, Y$_2$Z$_2$의 질량은 $2m$이다. 원자량은 Z가 X보다 크다.

② 몰수가 1 : 2이므로, 분자량도 1 : 2이다. 따라서 Y$_2$Z$_2$가 더 크다.

2020. 6. 20.
소방공무원 시행

---

1 ②

세포 호흡은 세포가 산소를 얻어 양분을 이산화탄소와 물로 분해하여 에너지를 발생하는 과정이다. 따라서 ㉠은 O$_2$, ㉡은 CO$_2$이다.

② 세포 호흡은 이화 작용이다.

※ 동화 작용과 이화 작용

㉠ 동화 작용 : 생물이 외부로부터 받아들인 저분자유기물이나 무기물을 이용해, 자신에게 필요한 고분자화합물을 합성하는 작용 (예) 광합성

㉡ 이화 작용 : 생물이 체내에서 고분자유기물을 좀 더 간단한 저분자유기물이나 무기물로 분해하는 과정 (예) 호흡, 소화

2 ③

③ 극상은 천이의 마지막 단계에서 안정된 상태를 이루는 군집을 말한다.

① A는 양수림이다.

② 용암 대지와 같이 토양이 전혀 없는 불모지에서 시작되는 천이는 1차 천이이다.

④ 천이 과정에서 개척자는 지의류이다.

※ 건성 천이의 과정

3 ④

① 1과 3의 형질 Ⓐ 유전자형은 서로 같다.

② 형질 Ⓐ 유전자는 상염색체에 있다.

③ 4의 형질 Ⓐ 유전자형은 우성 잡종이다.

4 ②

제시된 과정은 감수 제2분열의 중기부터 말기까지를 나타낸다.

㉠ 염색 분체의 분리는 감수 제2분열 후기에서 일어난다.

㉡㉢ 감수 제1분열에서 상동 염색체가 분리될 때는 DNA 양과 염색체 수가 모두 반감되지만, 감수 제2분열에서 염색 분체가 분리될 때는 DNA 양은 반감되지만 염색체 수는 동일하다.

※ 생식 세포 분열 과정

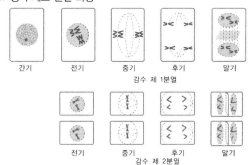

5 ②

② 항체 X와 항체 Y는 서로 다른 형질 세포에서 생성되어 각각 작용한다.
① 구간 A에서는 항체 Y의 기억 세포가 존재하지 않는다.
③ 항원 X의 1차 침입 시 그래프를 보면, 항체 농도가 0인 상태로 시간이 흐른 뒤에서야 증가하기 시작한다. 항체가 빠른 속도로 즉시 만들어지는 것은 2차 침입 시이다.
④ 구간 B에서 항체 X의 양이 증가한 것은 항체 X의 기억 세포가 존재하기 때문이다.

6 ②

① 역암은 주로 기존암석의 쇄설물이 쌓여 굳어진 쇄설성 퇴적암이다. 유기적 퇴적암이란 유기체의 잔재물이 퇴적되어 형성된 암석으로 석탄, 규조토 등이 있다.
③ 처트는 비결정질의 규산무수물로 이루어진 화학적 퇴적암이다. 탄산염 성분이 침전하여 만들어지는 퇴적암으로는 석회암, 돌로마이트 등이 있다.
④ 입자의 크기는 셰일 < 사암 < 역암 순으로, 셰일이 가장 작다.

7 ③

③ C는 판이 생성되거나 소멸되지 않고 수평적으로 미끄러지면서 어긋나는 보존형 경계로 화산활동은 일어나지 않지만, 접촉면을 따라서 천발지진이 자주 발생한다.
① A는 두 판이 서로 멀어지면서 맨틀대류로 마그마가 상승하여 새로운 지각이 생성되는 발산형 경계에 해당한다.
② 발산형 경계에서는 지진과 화산활동이 빈번한데, 지진은 주로 천발 지진이 일어난다.
④ 산안드레아스 단층은 미국 캘리포니아주에 있는 대표적인 변환단층이다. 보통 변환단층은 해저단층에서 많이 볼 수 있는데, 산안드레아스 단층은 육지 근처에서 나타난 특이한 변환단층이다. A, B, C 중 C 부근에 위치한다.

8 ②

A : 극순환, B : 페렐순환, C : 해들리순환
① 극순환과 해들리순환은 지표면의 가열과 냉각에 따라서 열적 순환이 이루어지는 직접 순환이다. 반면 페렐순환은 극순환과 해들리순환 사이에서 그들에 의해 형성되는 간접 순환이다.
③ 태양열에 의해 가열된 적도의 더운 공기는 상승하여 극지방으로 이동하게 되므로 저압대가 형성된 지역은 적도 지방인 ㈐이다.
④ 해들리순환의 지표면에 부는 바람은 무역풍이다.

※ 북반구의 대기 대순환

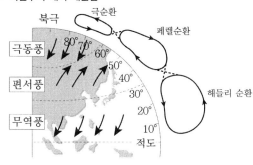

9 ④

A : 동한 난류, B : 북한 해류
④ 동해상에서 조경수역의 위치는 여름철에는 북상하고 겨울철에는 남하한다.

※ 우리나라 부근의 해류 분포

10 ①

H-R도는 별의 표면 온도와 밝기 관계를 나타낸 그래프이다. A : 주계열성, B : 거성, C : 백색 왜성이다.
① 항성의 질량-광도관계에 따르면 질량이 클수록 절대 등급이 낮다. 따라서 A는 태양보다 질량이 크다.
② B는 적색 거성이다.
③ C는 백색 왜성이다.
④ C는 광도가 가장 작은 별이다.

※ H-R도

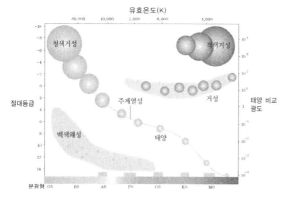

※ 원자 궤도함수

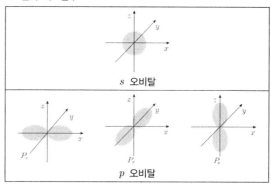

s 오비탈

p 오비탈

11 ④

④ CH_4 1몰의 질량은 $12 + (1 \times 4) = 16$이다. 따라서 2몰의 질량은 32이고 이 중 수소 원자의 질량은 8g이다.

① H_2O 1몰의 질량은 $(1 \times 2) + 16 = 18g$이다.

② H_2 분자 3.01×10^{23} 개는 $\frac{1}{2}$ 몰이므로 질량은 1g이다.

③ 산소의 원자량은 16으로 O_2 32g에 들어 있는 산소 분자의 몰수는 1몰이다.

12 ①

A : H(수소), B : C(탄소), C : O(산소), D : Na(나트륨), E : Cl(염소)

① 이온결합은 양이온과 음이온이 정전기적 인력으로 결합하여 생기는 화학결합으로 NaCl은 이온결합의 전형적인 예이다.

②③④ CO_2, CH_4, HCL은 공유결합이다.

13 ④

④ s 오비탈은 방향에 관계없이 원자핵으로부터 같은 거리에 있으면 전자가 발견될 확률이 같다. 반면 p 오비탈은 원자핵으로부터의 방향에 따라 전자가 발견될 확률이 다르기 때문에 방향성이 있다.

① (가)는 구형에 방향성이 없으므로 s 오비탈, (나)는 아령모양에 원자핵 양쪽으로 대칭적으로 분포하므로 p 오비탈이다.

②③ 에너지 준위와 오비탈의 크기를 결정하는 주양자수가 동일하다.

14 ①

㉠ 결합각이 가장 큰 화합물은 BCl_3이다.

㉢ 분자의 쌍극자 모멘트가 0인 화합물은 CH_4, BCl_3이다.

※ 분자의 구조모형

구분	화학식	분자 모형	결합각	쌍극자 모멘트
무극성 분자	CO_2	직선형	180°	0
	BCl_3	평면삼각형	120°	0
	CH_4	정사면체	109.5°	0
극성 분자	NH_3	삼각뿔	107°	1.46
	H_2O	굽은형	104.5°	1.85

15 ①

$H_2 + Cl_2 \rightarrow 2H^+ + 2Cl^- \rightarrow 2HCl$

• H : 산화수가 0에서 +1로 증가하였으므로 H_2는 산화되었다.

• Cl : 산화수가 0에서 -1로 감소하였으므로 Cl_2는 환원되었다.

① H_2는 자신은 산화되면서 Cl_2를 환원시켰으므로 환원제이다.

16 ①

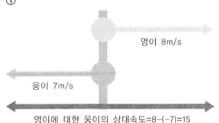

영이에 대한 웅이의 상대속도=8-(-7)=15

영이에 대한 웅이의 상대속도 = 8 - (-7) = 15이므로, 서쪽으로 15m/s이다.

17 ③

충돌 전후 운동량의 변화량의 크기 = 충돌 후 운동량의 크기 - 충돌 전 운동량의 크기이고, 이 운동량의 변화량은 충격량과 같다. 따라서 충돌 전후 운동량의 변화량의 크기가 클수록 자동차가 받는 충격량의 크기가 크다.

① A의 충돌 전후 운동량의 변화량의 크기 $= 0 - mv = -mv$이다.

② B의 충돌 전후 운동량의 변화량의 크기 $= -\dfrac{mv}{2} - mv$

$= -\dfrac{3mv}{2}$이다.

④ 충격량은 운동량의 변화량과 같으므로, 충격량의 크기는 A보다 B가 크다.

18 ④

유도기전력(V)은 코일의 감은 횟수(N)와 코일을 지나는 단위시간당 자기선속에 비례한다.

따라서 주어진 코일의 유도기전력 $V = 400 \times \dfrac{10}{2} = 2,000$ 이다.

19 ③

파동의 간섭 현상은 진행하는 두 파동이 만나 중첩되었을 때, 위상에 따라 그 합성파의 진폭이 커지거나 작아지는 현상을 말한다.

ⓒ 소음 채집용 마이크는 소리 신호를 전기 신호로 변환시킨다.

20 ③

① 전자 현미경은 일반적으로 광학 현미경보다 높은 배율의 상을 얻는다.

② 분해능은 빛이나 물질파의 파장이 짧을수록 높아지는데, 전자 현미경은 광학 현미경보다 높은 분해능의 상을 볼 수 있으므로 전자 현미경의 전자의 드브로이 파장은 광학 현미경의 가시광선 파장보다 짧다.

④ 전자의 드브로이 파장 $\lambda = \dfrac{h}{mv}$이므로 운동량이 증가하면 분해능은 높아진다.

2020. 7. 11.
인사혁신처 시행

---

1 ③

③ (나)의 1차 소비자의 에너지 효율은 $\dfrac{150}{1,000} \times 100 = 15\%$이고, 2차 소비자의 에너지 효율은 $\dfrac{15}{150} \times 100 = 10\%$이다.

따라서 상위 영양 단계로 갈수록 에너지 효율이 감소한다.

① A는 에너지양이 가장 많으므로 생산자이다.

② (가)의 1차 소비자의 에너지 효율은 $\dfrac{100}{1,000} \times 100 = 10\%$이다.

④ (가)의 1차 소비자와 (나)의 2차 소비자의 에너지 효율은 모두 10%로 같다.

2 ②

② ㉠은 ADP로의 전환, ㉡은 ATP로의 전환을 나타낸다. $Na^+ - K^+$ 펌프의 작동에는 ㉠이 필요하다.

① A는 광합성, B는 세포 호흡이다.

③ 세포 호흡의 결과로 방출된 에너지의 일부가 ㉡에 사용된다.

④ ㉡이 일어날 때 에너지가 흡수된다.

3 ①

㉠은 액틴 필라멘트이다.

㉡ (나)는 I대로 근육이 수축하면 짧아진다.

㉢ (다)는 H대로 근이육이 수축하면

㉣ 현미경으로 관찰하면 A대(암대)인 (가)가 I대(명대)인 (나)보다 어둡게 보인다.

※ 근육의 이완과 수축에 따른 근육 원섬유의 변화

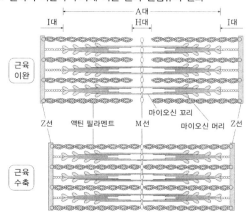

4 ③

③ 항이뇨 호르몬(ADH)이 증가하면 오줌량이 감소한다.

① 호르몬 A는 항이뇨 호르몬(ADH)이다.

② 항이뇨 호르몬(ADH)이 작용하는 기관 B는 신장이다.

④ 땀을 많이 흘려 체액의 삼투압이 올라가면 항이뇨 호르몬(ADH)의 분비가 증가한다.

※ 체액의 삼투압 조절 과정

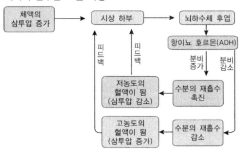

5 ④

세포	총 염색체 수	Y 염색체 수
㉠ - Ⅱ	24(22 + YY)	2
㉡ - Ⅲ	23	0
㉢ - Ⅰ	23	1

※ 정자와 난자의 형성 과정

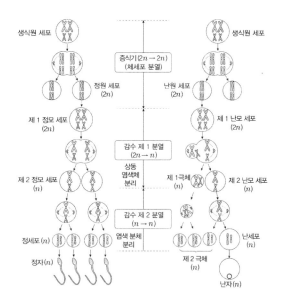

6 ③

자기장의 크기(B)는 도선에 흐르는 전류의 세기(I)에 비례하고, 도선으로부터의 거리(r)에 반비례한다. → $B = k\dfrac{I}{r}$

전류의 세기가 일정하므로, 2r만큼 떨어진 지점에서 전류에 의한 자기장의 크기가 B라면, 3r만큼 떨어진 곳에서의 전류에 의한 자기장의 크기는 $\dfrac{2}{3}$B이다.

7 ①

① 반도체 X는 p형, 반도체 Y는 n형이다.

② 반도체 Y에 있는 전자는 반도체 X 쪽으로 이동한다.

③ 역전압을 걸어줄 경우 양공은 (−)극으로 이동하고, 전자는 (+)극으로 이동하면서 전류가 흐르지 않으므로 전구에 불이 켜지지 않는다.

④ 양공들이 전하를 운반하는 역할을 하는 것은 반도체 X에서이다.

※ p-n 접합 다이오드의 구조

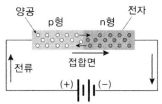

8 ④

hf의 에너지를 갖는 광자가 금속 표면의 전자와 충돌하면 전자를 방출시키는 데 에너지의 일부(일함수 W)가 사용되고, 남은 에너지는 광전자의 운동 에너지 E_k가 된다.

즉, $E_k = hf - W = hf - hf_0$가 성립한다.

④ 광자 1개가 금속 표면에 부딪치면 광전자 1개가 방출된다.

① 광전효과란 금속 표면에 특정 진동수(문턱 진동수)보다 큰 진동수의 빛을 비추었을 때 금속에서 전자가 튀어나오는 현상으로, 빛을 입자라고 가정해야 실험 결과를 해석할 수 있다. 즉, 빛의 입자성을 확인할 수 있는 실험이다.

② $2.53 - 0.53 = 2$, $3.6 - 1.6 = 2$이므로 금속의 일함수는 2eV이다.

③ 빛의 세기가 커지는 것은 광자의 개수가 증가하는 것으로 진동수가 커지는 것이 아니기 때문에 빛의 세기를 더 크게 해서 쪼여 주어도 광전자가 방출되지 않는다.

9 ③

③ B→C는 외부와 열전달이 일어나지 않는 단열과정인데 온도가 떨어지고 있으므로, 기체의 내부에너지는 감소한다.

10 ②

• 1.8m 높이에 있는 A의 위치에너지 $= mgh = 4 \times 10 \times 1.8 = 72$

• 수평면에서 A의 운동에너지 $= \frac{1}{2}mv^2$, 따라서 $v = 6\text{m/s}$

운동량 보존의 법칙에 따라 충돌 전 운동량의 합과 충돌 후 운동량의 합은 같다.

• 충돌 전 운동량 $= 4 \times 6 = 24$

• B의 질량을 x, 충돌 후 A + B의 속도를 v라 할 때, 충돌 후 운동량 $= (4 + x) \times v = 24$, 따라서 $v = \dfrac{24}{4 + x}$ ⋯ ㉠

 − A + B의 운동에너지 $= \frac{1}{2} \times (4 + x) \times v^2$

 − 0.8m 높이에 있는 A + B의 위치에너지
   $= (4 + x) \times 10 \times 0.8$

 − $\frac{1}{2} \times (4 + x) \times v^2 = (4 + x) \times 10 \times 0.8$ ⋯ ㉡

㉠과 ㉡을 연립하여 x와 v를 구하면 B의 질량 $x = 2$이고 충돌 후 A + B의 속도 $v = 4$가 된다.

11 ①

D : 선캄브리아 시대, A : 고생대, B : 중생대, C : 신생대이다.

① 최초의 육상 식물이 출현한 시대는 고생대이다.

② 오존층이 처음으로 형성된 시대는 고생대이다. 오존층이 형성되면서 지표면에 도달하는 자외선이 감소함에 따라 육상 생물이 등장하였다.

③ 한반도에 공룡이 번성했던 시대는 중생대이다.

④ 포유류가 번성한 시대는 신생대이다.

12 ②

㉠㉡ 지구의 자북극은 1개이다. 그런데 자북극의 경로가 ㉠, ㉡으로 겹치지 않는 것은 A, B 대륙이 이동했기 때문이다.

㉡ 1억 년 전에는 A와 B가 떨어져 있었다.

13 ①

㈎ 온난전선, ㈏ 한랭전선

① ㈎ 온난전선이 통과하고 나면 기온이 높아진다.

② 전선면의 기울기는 ㈎ 온난전선이 ㈏ 한랭전선보다 완만하다.

③ 전선의 이동 속도는 ㈎ 온난전선이 ㈏ 한랭전선보다 느리다.

④ A 지역을 먼저 통과하는 전선은 ㈎ 온난전선이다.

※ 온대 저기압과 전선의 통과

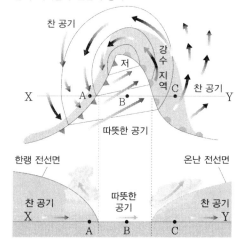

14 ②

ㄴ. 항성의 질량-광도관계에 따르면 질량이 클수록 절대 등급이 낮다. 따라서 절대 등급이 낮은 B가 A보다 질량이 크다.

ㄱ. 광도는 별의 고유 밝기로 절대 등급이 낮고, 표면 온도가 높은 B가 A보다 크다.

ㄷ. 주계열성에 속하는 행성의 경우 4사분면에서 2사분면으로 올수록 행성의 크기가 커진다. 따라서 반지름은 B가 A보다 크다.

15 ③

현재 북반구는 지구가 근일점 부근에 있을 때 겨울철인 것을 그림으로 표현하면 다음과 같다.

ㄱ. 지구의 자전축의 경사각이 현재보다 커지면 북반구 중위도에서 여름 기온은 더 상승한다.

ㄴ. 이심률이란 물체의 운동이 원운동에서 벗어난 정도로, 지구 공전 궤도 이심률이 현재보다 작아지면 지구 공전 궤도는 원 궤도에 가까워진다.

ㄷ. A의 경우에는 기온의 연교차가 더 커진다.

16 ③

(가)는 p 오비탈의 전자 수가 6개이고 홀전자 수가 1개이므로 $1s^2 2s^2 2p^6 3s^1$의 Na이다. 따라서 s 오비탈의 전자 수는 5개이다.

(나)는 s 오비탈의 전자 수가 3개이므로 $1s^2 2s^1$의 Li이다. 따라서 p 오비탈의 전자 수는 0이고 홀전자 수는 1이다.

(다)는 s 오비탈의 전자 수가 4개이고 p 오비탈의 전자 수가 3개이므로 $1s^2 2s^2 2p^3$의 N이다. 따라서 홀전자 수는 3개이다.

위 내용을 바탕으로 표를 채우면 다음과 같다.

중성 원자	Na	Li	N
s 오비탈의 전자 수	5	3	4
p 오비탈의 전자 수	6	0	3
홀전자 수	1	1	3

17 ③

- XY : $2Mg + O_2 \rightarrow 2MgO (= 2Mg^{2+} + 2O^{2-})$
- YZ_2 : OF_2

X : Mg(원자 번호 12), Y : O(원자 번호 8), Z : F(원자 번호 9)이다.

③ F_2 분자는 $\dfrac{\text{비공유 전자쌍 수}}{\text{공유 전자쌍 수}} = \dfrac{6}{1} = 6$이다.

① 원자 번호는 Y가 Z보다 작다.

② O_2 분자는 2중 결합을 갖는다.

④ Mg와 F 사이의 화합물은 이온 결합 물질이다.

18 ④

(가) O, (나) N, (다) C, (라) B

④ 같은 주기에서 원자 번호가 클수록 유효 핵전하가 증가하므로 원자가 전자의 유효 핵전하는 (가) O가 (나) N보다 크다.

① (가)~(라) 중 금속 원소는 없다.

② 원자 번호는 (라) B가 (다) C보다 작다.

③ 전기 음성도는 (나) N이 (가) O보다 작다.

※ 2주기 원소의 이온화 에너지

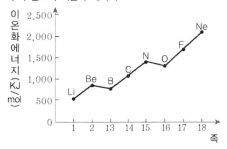

※ 원자 반지름의 주기성

ㄱ. 같은 족 : 원자 번호가 클수록 전자껍질 수가 증가하므로 원자 반지름이 커진다.

　例 H < Li < Na < K

ㄴ. 같은 주기 : 원자 번호가 클수록 유효 핵전하가 증가하므로 원자 반지름이 작아진다.

　例 Li > Be > B > C > N > O > F

19 ④

$aXY + bY_2 \rightarrow cXY_2$ 에서

- X : 반응 전 a → 반응 후 c (a = c 성립)
- Y : 반응 전 a + 2b → 반응 후 2c

㉠ a = c가 성립하므로 c + 2b = 2c, c = 2b이다. 따라서 a는 b의 2배이다.

㉡ a = c = 2, b = 1로 임의의 수를 넣었을 때 반응식 $2XY + Y_2 \rightarrow 2XY_2$에서 2XY가 7g 반응할 때 Y_2가 4g 만 반응하였으므로, Y의 원자량은 2, X의 원자량은 1.5 가 된다. 따라서 원자량은 X가 Y의 $\frac{3}{4}$배이다.

㉢ 반응 전에 반응물의 몰수는 XY가 2몰, Y_2가 1.5몰로 XY가 더 크다.

20 ②

- 구리를 공기 중에서 가열하면 산화 구리(Ⅱ)가 생성된다. : $2Cu + O_2 \rightarrow 2CuO$
- 산화 구리(Ⅱ)를 유리관에 넣고 수소 기체를 흘리면서 가열하면 구리와 물이 생성된다. : $CuO + H_2 \rightarrow Cu + H_2O$
- 산화 구리(Ⅱ)와 탄소 가루를 시험관에 넣고 가열하면 구리와 이산화탄소가 생성된다. : $2CuO + C \rightarrow 2Cu + CO_2$

② (가)는 H_2O, (나)는 CO_2이다.

① 산화 구리(Ⅱ)의 화학식은 CuO이다.

③ (나) CO_2와 석회수가 반응할 때 반응식은 $Ca(OH)_2 + CO_2 \rightarrow CaCO_3 + H_2O$이다.

④ 탄소 가루는 환원제 역할을 한다.

수험서 전문출판사 서원각

목표를 위해 나아가는 수험생 여러분을 성심껏 돕기 위해서 서원각에서는 최고의 수
험서 개발에 심혈을 기울이고 있습니다. 희망찬 미래를 위해서 노력하는 모든 수험
생 여러분을 응원합니다.

공무원 대비서   취업 대비서   군 관련 시리즈   자격증 시리즈   동영상 강의

2021 공무원 시험에 대비하는
서원각 공무원 시리즈

파워특강 | 5/7/10개년 기출문제 | 전과목 총정리

파워특강 시리즈
공시가 처음인 수험생이라면!

- 기출문제와 연계해 체계적으로 정리한 핵심이론
- 출제예상문제 + 최신 기출문제로 충분한 문제풀이 가능!

5/7/10개년 기출문제 시리즈
시험 출제경향이 궁금하다면!

- 최신 기출문제부터 과년도 기출문제까지~
- 5/7/10개년으로 다양하게 구성! 원하는 도서를 PICK!

전과목 총정리 시리즈
전과목을 한 번에 정리하고 싶다면!

- 필수 5과목이 단 한 권에~
- 전과목을 빠르게 정리해 보고 싶다면 추천!

서원각에서 강력! 추천하는
간호직·보건직 공무원 시리즈

기본서로 기초를 탄탄하게!
합격선언 시리즈

직렬별 전공과목 기출문제
기출문제 정복하기
시리즈

과목별 전공과목 기출문제
과목별 기출문제 정복하기
시리즈

수험서 BEST SELLER

공무원

9급 공무원 파워특강 시리즈

국어, 영어, 한국사, 행정법총론, 행정학개론,
교육학개론, 사회복지학개론, 국제법개론

5, 6개년 기출문제

영어, 한국사, 행정법총론, 행정학개론, 회계학
교육학개론, 사회복지학개론, 사회, 수학, 과학

10개년 기출문제

국어, 영어, 한국사, 행정법총론, 행정학개론,
교육학개론, 사회복지학개론, 사회

소방공무원

필수과목, 소방학개론, 소방관계법규,
인·적성검사, 생활영어 등

자격증

사회조사분석사 2급 1차 필기

생활정보탐정사

청소년상담사 3급(자격증 한 번에 따기)

임상심리사 2급 기출문제

NCS기본서

공공기관 통합채용